GIOVANNI CIVARDI

HÄNDE UND FÜSSE

FORMEN – PROPORTIONEN –

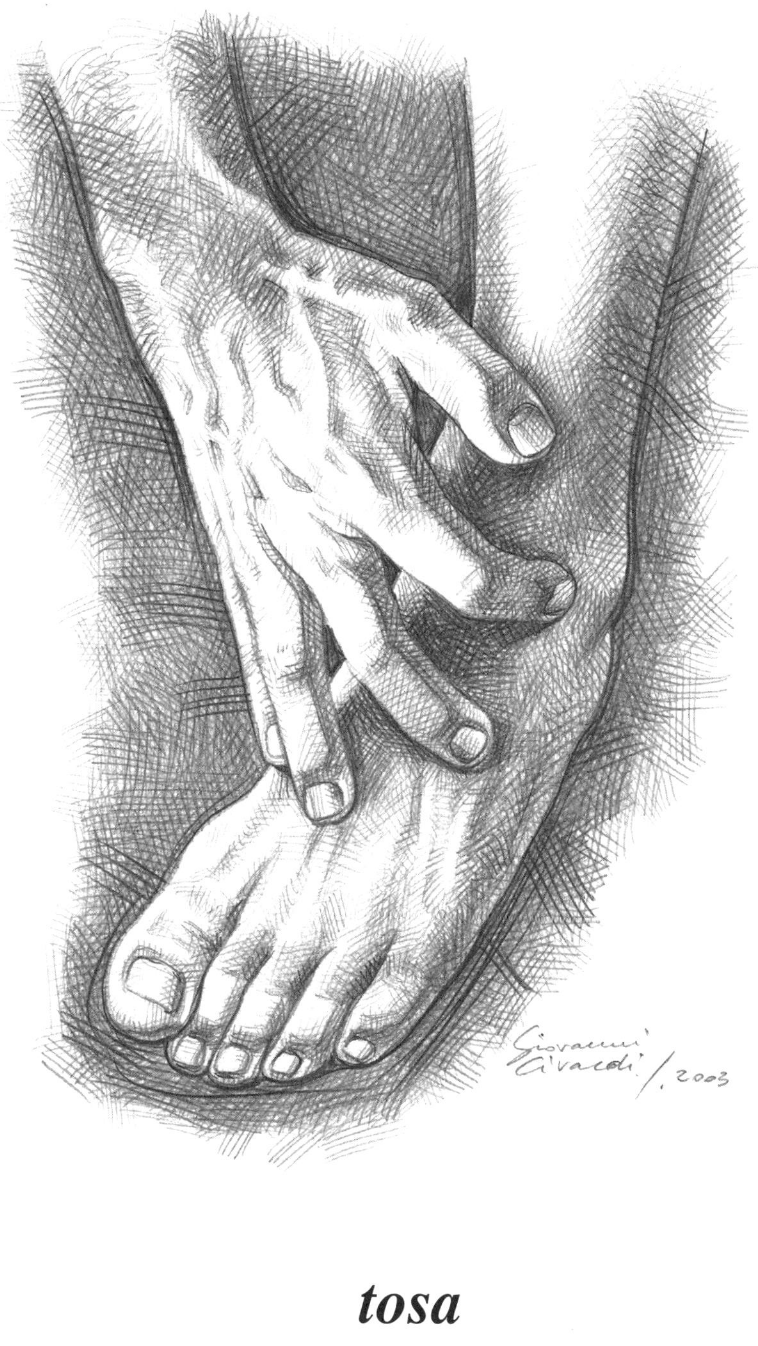

tosa

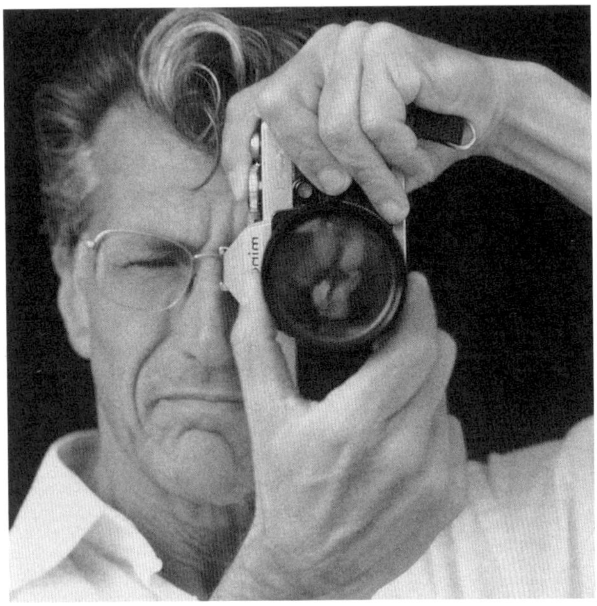

Giovanni Civardi wurde 1947 in Mailand geboren. Nach Anfängen als Illustrator und Bildhauer beschäftigt er sich seit vielen Jahren mit Anatomie für Künstler und leitet Kurse im Figurenzeichnen.

Kunst macht man mit den Händen. Sie sind das Werkzeug der Schöpfung, aber vor allem das Organ des Bewusstseins.
Henri Focillon

Der Perlenfischer fürchtet keinen Schlamm.

*... wer nicht mehr in der Lage ist,
zu staunen oder Überraschung zu fühlen,
ist wie tot: Seine Augen sind erloschen ...*
Albert Einstein

Die hier abgebildeten Personen wurden mit ihrer Zustimmung gezeichnet, jede Ähnlichkeit mit weiteren Personen ist rein zufällig.

Titel der Originalausgabe: La Mano e il Piede

Übersetzung aus dem Italienischen: www.textwerkstatt.at/ Ulrike Müller-Kaspar
Covergestaltung: Joseph Koó
Druck: Polygraph Print, Slovakia

www.tosa-verlag.com

Inhalt

Denn die Hände haben ihren Charakter -
das ist eine ganze Welt in Bewegung.
Paul Verlaine

Aber Hände sind schon ein komplizierter Organismus,
ein Delta, in dem viel fernherkommendes Leben zusammenfließt,
um sich in den großen Strom der Tat zu ergießen.
Rainer Maria Rilke

Wir sind uns dessen bewusst, dass die menschlichen Hände bei jedem etwas anders aussehen. Wir unterscheiden kurze, lange, spitze, breite, starke, schwache Hände und ebenso die Form der Finger und der Nägel. Die Hand wird auch von der Arbeit, die sie am häufigsten ausübt, geformt und geprägt. Eine Hand, die viel arbeitet, ist breiter als eine, die weniger arbeitet, und das auch bei einer einzigen Person. Die Handlesekunst beruht großteils auf der genauen Beobachtung solch winziger Unterschiede, doch auch in der Medizin kennt man die „pathologische" Hand. Im Laufe der Evolution bildete der Mensch gerade an den Händen eine Besonderheit aus: Sobald die Hände wegen des aufrechten Ganges nicht mehr zum Laufen benötigt wurden, entwickelte sich der den Fingern gegenüberstellbare Daumen, dank dem die Hände mit großem Erfolg greifen und Objekte bearbeiten können.
Es erstaunt also nicht, wenn die menschliche Hand stets als Träger besonders vieler Bedeutungen und einer eigenen Symbolik galt. Öffnen Sie irgendein Buch über die Geschichte der Kunst mit einem Abschnitt über prähistorische Wandmalerei; hier finden Sie viele Handabdrücke. Die von Gargas zum Beispiel haben neben all ihrer Rätselhaftigkeit große beschwörende Kraft.
Wie könnte man die Aussage von Gesten, sei es im Leben, sei es in der Kunst, da verbergen? Hände zeigen, pflücken, drücken, ballen sich, segnen, erklären, beten, arbeiten, bieten an ... und weisen so auf die unterschiedlichsten und zartesten menschlichen Gefühle hin. Jede Epoche und wohl auch jeder große Künstler hat sie mit eigenen typischen Formeln ausgedrückt - denken Sie nur an die Unterschiede zwischen einer gotischen, barocken und einer kubistischen Hand oder zwischen einer lebendigen Hand von Rodin und Caravaggio, Rembrandt oder Schiele.
Daher ist es nachvollziehbar, wenn es heißt, vom ganzen menschlichen Körper seien Hand und Fuß am schwierigsten zu zeichnen, zu malen oder plastisch darzustellen. Ursache sind ihre Komplexität und die große Vielfalt an Haltungen, die sie einnehmen können. Was die Komplexität angeht, ist diese Ansicht zweifellos berechtigt. Und doch: Wenn man diese Körperzonen mit Aufmerksamkeit, Intelligenz und mit Liebe betrachtet und sich ihre Grundstruktur zu eigen macht, die ja ihre Form und ihre Bewegungen beherrscht, scheinen mir diese Schwierigkeiten nicht unüberwindbar zu sein.
In diesem Buch finden Sie einige Grundelemente, die Ihnen helfen, Hände und Füße mit anderen Augen zu sehen, ferner einige Anregungen oder Übungen, die Ihnen helfen, diese so ausdrucksstarken Teile des menschlichen Körpers zu zeichnen - zunächst objektiv und der Realität entsprechend, doch dann mit zunehmender persönlicher stilistischer Freiheit.

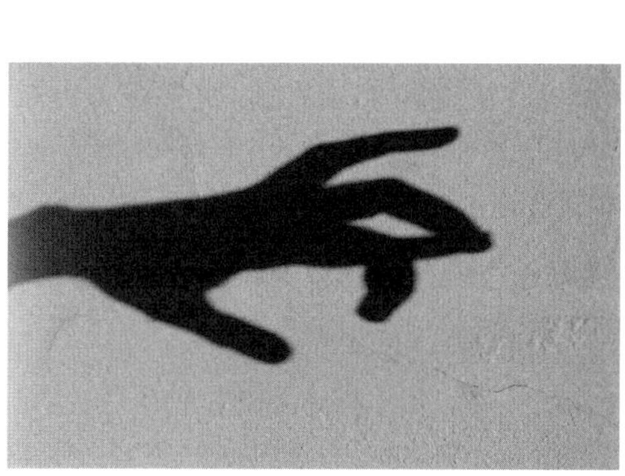

1 Materialien und Techniken

Um die menschliche Figur oder Teile davon zu zeichnen (in unserem Fall Hände und Füße), sei es als rasche Skizzen, sei es für ausgearbeitete Studien und vor allem, wenn man nach der Natur arbeitet, reichen die einfachsten Zeichenwerkzeuge: Bleistifte, Zeichenkohle, Pastellstifte, Feder und Tusche, Aquarellfarben, Filzstifte usw.
Jedes einzelne dieser Werkzeuge bringt jedoch sehr unterschiedliche Wirkungen hervor, nicht nur wegen der unterschiedlichen Materialbeschaffenheit und der erforderlichen Technik, sondern auch wegen des unterschiedlichen Zeichengrundes, auf den sie aufgebracht werden: geleimtes glattes oder ungeleimtes raues Papier, Zeichenkarton, weißes oder getöntes Papier usw. Die Zeichnungen auf diesen beiden Seiten wurden mit solchen Werkzeugen gemacht, die leicht verfügbar sind, aber dennoch gut geeignet, schnell und effektvoll jene Körperteile wiederzugeben, die uns hier interessieren.

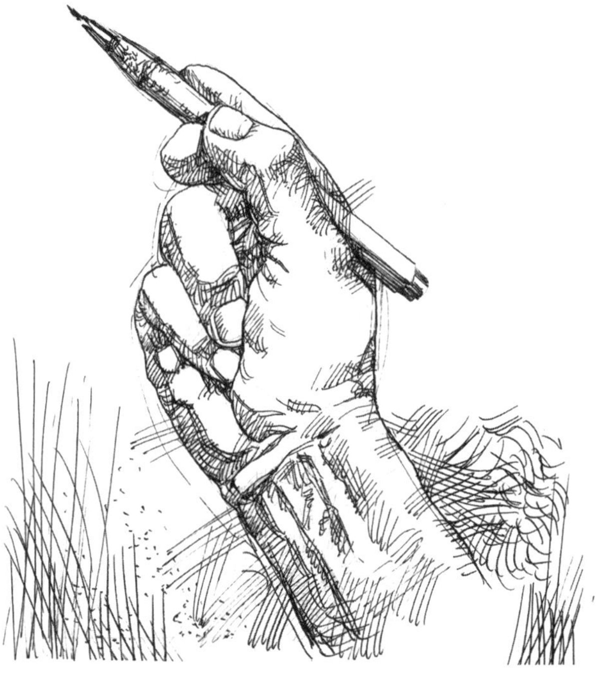

Feder oder Pinsel mit Chinatusche

Die Tuschzeichnung ist eine beliebte Technik bei Künstlern. Sie kann mit der Zeichenfeder oder mit dem Pinsel ausgeführt werden, aber besondere Effekte lassen sich auch mit der Rohrfeder aus Bambus, der Breitbandfeder, dem Füllfederhalter, dem Tuschzeichner für technische Zeichnungen („Rapidograph"), dem Filzstift oder dem Kugelschreiber erzielen. Die Tonintensität hängt von der Dichte der Federstriche ab. Daher empfiehlt es sich, glattes Papier oder glatten Karton von guter Qualität zu benutzen, um ein Ausfransen der Oberfläche oder eine unregelmäßige Farbannahme zu vermeiden. Tintenflecken kann man nur beseitigen, indem man sie vorsichtig mit einer Rasierklinge oder der Klinge eines Chirurgenmessers wegkratzt.

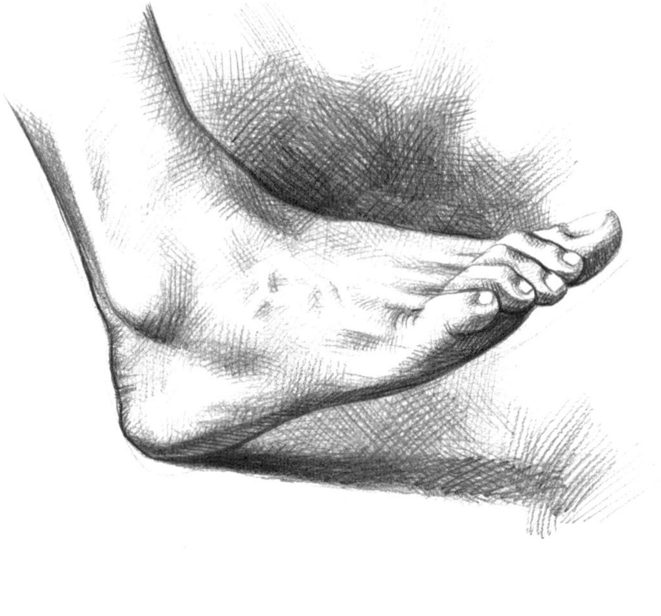

Bleistifte und Grafitstifte

Der Bleistift ist das gebräuchlichste Mittel für Zeichnungen, und gerade für bekleidete Personen und Porträts bietet er sich für den unmittelbaren Ausdruck und die bequeme Ausführung an. Er kann für differenzierte und ausgearbeitete Zeichnungen benutzt werden oder für kleine Studien und schnelle Skizzen. Für letztere eignen sich am besten Druckbleistifte mit Mikrominen (Durchmesser 0,5 oder 0,7 mm), für erstere eher Grafitminen größeren Durchmessers und in weicherer Gradation. Grafitminen für TK-Stifte wie auch die normalen Bleistifte aus Holz besitzen je nach ihrer Zusammensetzung unterschiedliche Härtegrade: von 9H, sehr hart, für dünne und blasse Linien, bis zu 6B, sehr weich, womit sich dicke Linien zeichnen oder Flächen füllen lassen.

Zeichenkohle

Der Kohlestift ist optimal für Skizzen von Personen nach der Natur, weil bei ihm die Dichte des Tons am meisten vom Druck des Aufsetzens abhängt und man eine große Genauigkeit im Detail erreicht. Er erfordert eine gewisse Gewandtheit im Umgang mit den unterschiedlichen Möglichkeiten der Schattierung, aber darin liegen auch seine besonderen Stärken. Es gibt sowohl die angespitzte, reine Zeichenkohle wie auch den Kohlestift aus Holz; bei beiden muss man sehr darauf achten, das Papier nicht zu verschmutzen. Die Striche verlaufen etwas und man kann sie noch abtönen, indem man sie mit dem Finger verwischt. Man kann die Zeichnung auch mit Radiergummi oder Plastilin wieder abtupfen oder ausradieren. Die fertige Zeichnung muss mit Fixativ geschützt werden.

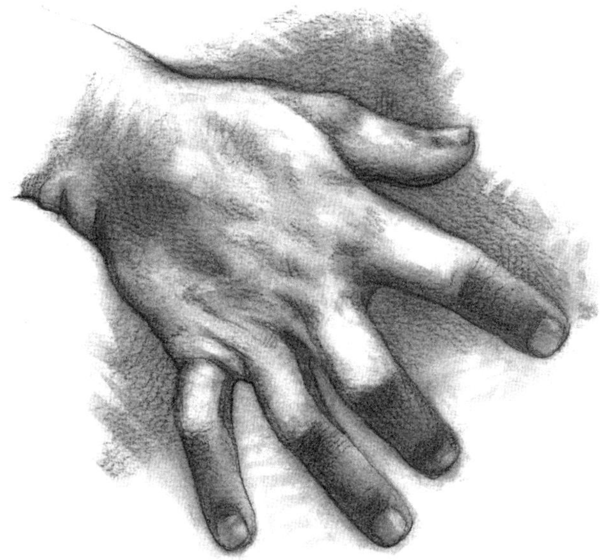

Aquarell

Wasserlösliche Farben oder wasserverdünnte Tusche eignen sich sehr gut für Figurenstudien, vor allem für Gewänder. Aquarell steht allerdings der Malerei näher als der Zeichnung, da es mit dem Pinsel aufgetragen wird und einen Blick für den Gesamteindruck der Graustufen erfordert. Für schnelle Naturstudien nimmt man wasserlösliche farbige Blei- oder Grafitstifte, die Zeichnung kann dann leicht mit einem nassen Pinsel nachgearbeitet werden. In diesem Fall sollte man dickeren Karton verwenden, damit der Zeichengrund nicht wegen der Feuchtigkeit Wellen wirft.

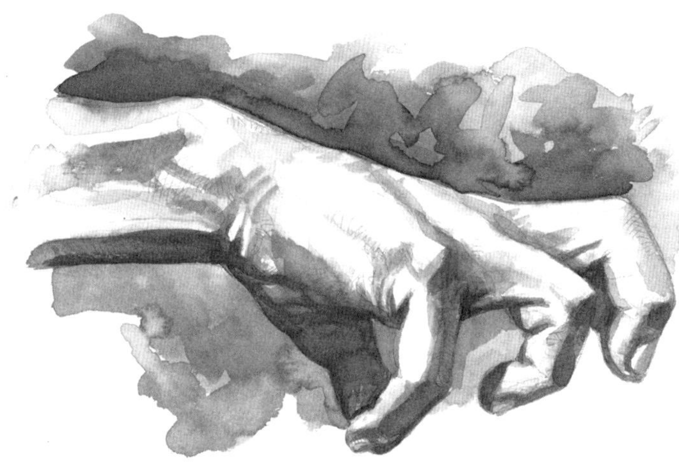

Mischtechniken

Die gemischten Techniken benutzen unterschiedliche Werkzeuge für eine Zeichnung und versuchen damit ungewöhnliche Effekte zu erzielen. Es handelt sich immer noch um grafische Mittel, aber ihre Anwendung erfordert viel Übung und Kenntnis der Einzeltechniken, um einen konfusen Eindruck zu vermeiden. Sie sind sehr wirkungsvoll, wenn sie auf einen rauen farbigen oder gar dunklen Grund aufgebracht werden. Viele technische Kombinationen sind möglich: Acryl, Feder und Tusche und weiße Tempera; Aquarell, Zeichenkohle und Grafit; und vieles mehr.

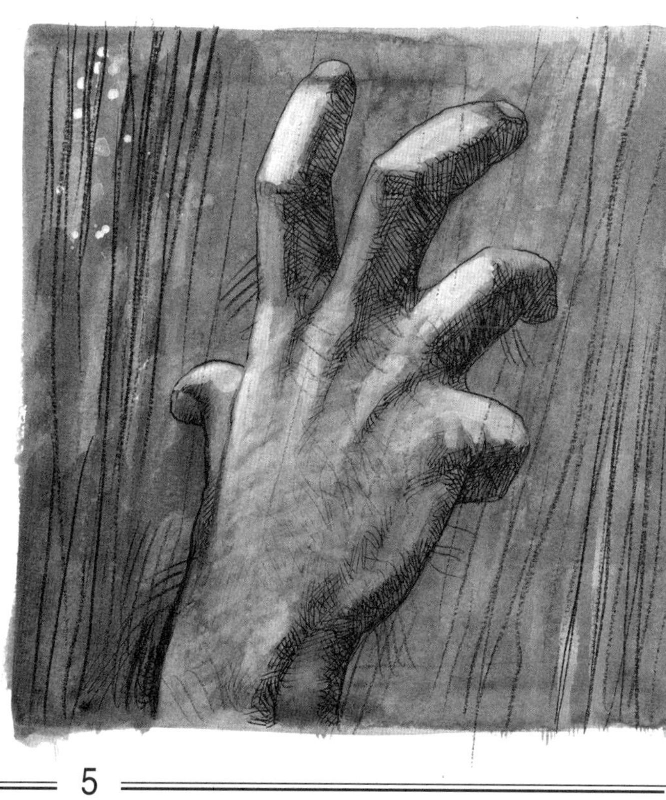

2 Praktische Überlegungen

Künstler, die überall nach Perfektion streben,
sind solche, die sie auf keinem Gebiet erreichen.
Eugène Delacroix

Wenn Sie die folgenden Anregungen beachten, bleiben Ihnen viele Fehler erspart:

- Versuchen Sie, einige grundlegende Eigenheiten zu entdecken, indem Sie zum Beispiel Ihre eigenen Hände und Füße betrachten, eben jene Körperteile, die wir nicht nur im täglichen Leben, sondern auch zum Zeichnen, Malen, Modellieren oder Laufen und Gehen verwenden. Körperteile, die wir gerade deshalb schon perfekt zu kennen glauben ...

- Vergleichen Sie sie nun mit den Händen von Menschen, die Ihnen begegnen, von Freunden, aber auch von Fremden. Hände finden Sie in einer unendlichen Vielfalt auf belebten Plätzen, im Zug, in Restaurants, im Schwimmbad, in Turnhallen oder auf der Tanzfläche.

- Fotos, Videos und DVDs, Computerprogramme etc. sind sicher eine große Hilfe dabei, einzelne Bewegungen und Haltungen von Händen und Füßen zu isolieren und festzuhalten. Doch lassen Sie sich dadurch nicht davon abhalten, direkt nach der Natur viele „optische Notizen" anzufertigen, mit Bleistift in ein kleines Notizbuch: kleine, rasche Skizzen, die unabhängig von ihrer Qualität oder Vollständigkeit mit der Zeit großen emotionalen Wert erhalten, ganz abgesehen davon, dass Sie Ihre Darstellungsfähigkeit verbessern. Auch wenn Sie dabei Ihre Aufmerksamkeit auf eine Hand oder einen Fuß konzentrieren, denken Sie stets daran, dass eine überzeugende Geste nicht nur von anatomischer Korrektheit unterstützt und vervollständigt wird, sei sie auch noch so aussagekräftig, sondern durch die Haltung des ganzen Körpers.

- Üben Sie sich auch darin, die alters- oder arbeitsbedingten Veränderungen vor allem der Hände wahrzunehmen. So erwerben Sie eine wertvolle Beobachtungsgabe, die sehr nützlich, ja sogar unverzichtbar ist, wenn Sie ein Porträt, eine Illustration zeichnen, eine plausible Hand erfinden müssen oder wenn Sie eine menschliche Haltung erst verstehen und dann wirkungsvoll wiedergeben wollen. Dies gilt besonders, wenn Sie nicht realistisch malen, sondern das Modell interpretieren und über es hinausgehen wollen, um erlebte Gefühle darzustellen und das Gesehene mit eigenen Ausdrucksmitteln zu verbinden.

- Die eigenen Hände und Füße zu zeichnen (und Sie werden sehen: Es werden authentische Porträts, mindestens ebenso aussagekräftig wie die des Gesichts!) ist die beste Art, sie genau zu studieren. Wenn Sie sich nämlich darauf beschränken, diese Teile direkt anzusehen, werden Sie bald feststellen, dass Sie nur ein paar Bewegungen zeichnen können, und das aus wenigen Blickwinkeln. Es ist dagegen sinnvoll, einen oder mehrere Spiegel zu verwenden und Ihre Hände und Füße so zu zeichnen, wie sie darin erscheinen, und dabei auf Verkürzungen, verschiedene Beleuchtungseffekte und unterschiedliche Positionen zu achten.

- Überlegung: Das Studium der Anatomie soll vor allem dem künstlerischen Ausdruck und ästhetischen Zielen dienen. Daher beobachten, verstehen, interpretieren Sie.
Vorschlag: Zeichnen Sie täglich mindestens eine Hand oder einen Fuß, nach der Natur oder nach einem Kunstwerk ...

Kurze anatomische Beschreibung der Hand*

Die Hand ist das etwas abgeflachte Endstück der oberen Extremitäten und seine äußere Form wird vor allem auf der Außenseite stark vom Skelett bestimmt. Die Handwurzel- und Mittelhandknochen entsprechen dem Handgelenk und der Handfläche, die Fingerknochen prägen die Finger. Die Hand ist über das Handgelenk am Unterarm befestigt und setzt die vertikale Achse des Arms fort, wie jeder selbst leicht feststellen kann.

Für das Folgende ist zu berücksichtigen, dass sich eine anatomische Beschreibung aus Übereinkunft stets auf die offene, gesenkte, mit der Handfläche nach vorn weisende Hand bezieht, sodass mit „innen" die Seite des kleinen Fingers und mit „außen" oder „seitlich" die Seite des Daumens gemeint ist, „vorn" ist die Handinnenseite und „hinten" der Handrücken.

- Die Vorderseite der Hand (Handfläche) ist in der Mitte leicht konkav und entlang der Ränder als Folge von Muskeln und Fett erhaben. Ihr Profil ist von außen gesehen an der Daumenbasis oval und eher voluminös und besteht aus den Muskeln des Daumenballens, die den Daumen bewegen. Das innere Profil ist stärker länglich, dem äußeren ähnlich, aber dann langgestreckter entlang des Handrückens, der in den kleinen Finger übergeht. Es wird von der Muskelgruppe des Kleinfingerballens gebildet, die den kleinen Finger bewegen. Die Erhöhung an den Gelenken zwischen Handfläche und Fingern wird durch das Hervortreten der Enden der Mittelhandknochen bestimmt, die von drei ovalen Fettpolstern bedeckt und flankiert werden. Umgeben von all diesen Erhöhungen liegt in der Mitte der Handfläche der Handteller, der sich vertieft, wenn man die Finger beugt; Grund dafür ist die feste Verbindung der Haut mit der Sehnenplatte in der Hand. Das ist eine breite Sehnenschicht, die die Sehnen der Beugemuskeln der Finger komplett abdeckt. Die Haut der Handfläche – hell, weil Pigmente fehlen, kaum verschiebbar, unbehaart, ohne Oberflächenvenen – wird von charakteristischen Falten durchzogen, die individuell leicht schwanken, aber unveränderlich sind und von den Bewegungen der Finger und des Daumens erzeugt werden. Es gibt vier typische Handlinien, die etwa ein W bilden: Zwei liegen horizontal und zwei, die an der Daumenwurzel entspringen, verlaufen etwa vertikal. Daneben bilden sich vorübergehend weitere Rillen als Folge der Bewegungen der Hände.
- Der innere Rand der Hand ist abgerundet als Folge der Muskeln in der Kleinfingerbasis, in der Nähe des Handgelenks ist er dicker als zum kleinen Finger hin.
- Der äußere Rand der Hand wird im oberen Bereich von der Daumenbasis eingenommen, während er im unteren Teil der Ausprägung des Fingeransatzgelenks und dem Zeigefinger folgt. Zwischen den beiden Rändern liegt die tiefe Fingeransatzfalte.
- Die Rückseite der Hand, der Handrücken ist leicht konvex und folgt genau der Knochenstruktur. Daher bemerkt man hier besonders stark die Enden der Mittelhandknochen (Knöchel), über denen die Sehnen der Fingerstreckermuskeln verlaufen, die fächerförmig am Handgelenk ansetzen und bei maximaler Streckung der Finger deutlich hervortreten. Zum Zeigefinger führen zwei benachbarte Sehnen hin: außen liegt jene des gemeinsamen Streckermuskels der Finger, innen jene des Streckermuskels des Zeigefingers. Die Haut auf dem Handrücken liegt lose über dem Gewebe darunter und lässt sich leichter verschieben als die der Handinnenfläche. Sie ist fast völlig frei von Fettgewebe, ist vor allem bei Männern von Haaren bedeckt und von sichtbaren Venen durchzogen, deren Verlauf individuell verschieden ist, jedoch auf ein gemeinsames Schema zurückgeht. Die Venen werden schwächer sichtbar oder verschwinden, wenn die Hand erhoben wird und das Blut aufgrund der Schwerkraft zurückfließt.
- Die fünf Finger sind etwa zylindrisch und entspringen am Ende der Handfläche. Während der Daumen nur zwei freie Glieder besitzt und keinen mittleren Fingerknochen hat, besteht jeder der anderen Finger aus drei Segmenten, die mit Gelenken verbunden sind und den drei Fingerknochen entsprechen. Die Rückseite der Finger folgt der Form der Knochen und erscheint daher abgerundet und ein wenig konvex. Sie wird von Querrillen aus überschüssiger Haut unterbrochen, die an den Gelenken liegen und sich glätten, wenn die Finger gebogen werden. Auf dem ersten Glied sitzen vor allem bei Männern einige Haare. Die Rückseite der dritten Fingerglieder wird durch den Fingernagel charakterisiert, einem mehrschichtigen Hautanhang von hornartiger Konsistenz und rechteckiger oder elliptischer Form, der Länge nach leicht konvex. Sein freier Teil bedeckt etwa die untere Hälfte des Fingerglieds und wird auf drei Seiten von erhabener Haut umgeben, deren Besonderheiten in der Natur leicht zu beobachten sind. Der Daumennagel ist stets größer als die anderen, die jeweils zum Volumen „ihres" Fingers proportional sind. Mit Ausnahme des Daumens (für den eigene Regeln gelten, da er nur aus zwei Fingergliedern besteht) sind alle Finger unterschiedlich lang, teils aufgrund der Größe der Finger selbst, teils wegen ihres unterschiedlichen Ansatzes, da die Enden der Mittelhandknochen leichte, nach unten konvexe Kurven beschreiben. Normalerweise ist der Mittelfinger der längste, gefolgt vom Ringfinger, dem Zeigefinger und dem kleinen Finger. Diese vier Finger gemeinsam wirken auf der Rückseite länger als auf der Handinnenseite, wo die Erhöhung an den Fingeransätzen bis etwa zur Hälfte der ersten Fingerknochen hinausreicht und zwischen den Fingern verbindende Häute bildet. Die Vorderseite der Finger wird in drei erhabene Abschnitte geteilt, die von Fettpölsterchen gebildet und von horizontalen Falten getrennt werden. Die beiden äußeren Faltentäler, also zwischen drittem und zweitem und zweitem und erstem Fingerglied, entsprechen genau der Lage ihrer Gelenke, während das innerste Faltental nicht in Höhe des Fingeransatzgelenks liegt, sondern sich etwa in der Mitte des ersten Fingerglieds bildet. Diese Falten treten meist paarweise auf, also als zwei feine Linien, die fast parallel zueinander verlaufen, aber nicht selten findet sich zwischen Mittelhand und erstem Fingerglied nur eine einfache Linie. Das Profil des letzten Fingergliedes ist konvex, eiförmig und von einer Haut überzogen, die charakteristische und unzerstörbare Linien besitzt, die die sogenannten Fingerabdrücke liefert.

* Diese etwas mehr in die Tiefe gehende Beschreibung der Form und Struktur der Hand, die über die Angaben auf Seite 12/13 und 18/19 hinausgeht, scheint angebracht, denn es handelt sich gemeinsam mit dem Gesicht bei der Hand um den bei weitem am häufigsten abgebildeten Körperteil. Was den Fuß angeht, ein selteneres Thema der Kunst, mögen als erste Annäherung die Angaben auf Seite 14/15 und 20/21 ausreichen.

3 Vereinfachte Formen

Die Hand wirkt auf den ersten Blick sehr komplex und zusätzlich dank ihrer Beweglichkeit sehr wandelbar. Das Gleiche gilt für den Fuß, obgleich seine kompaktere und weniger aussageträchtige Form Künstler weniger abschreckt. Beide, Hände wie Füße, lassen sich vereinfachen, indem man sie auf wenige, geometrischen Körpern entlehnte Formen reduziert. Die Hand bietet sich so als aus zwei Teilen bestehend dar: dem Handrücken (ein flaches und breites Parallelepipedon) und den Fingern, von denen jeder als Aneinanderreihung von Parallelepipeda gesehen werden kann. Diesen Massen schließt sich auf einer Seite die Masse des Daumens und seines Ansatzes an.

Der Fuß dagegen kann aus einer Reihe von miteinander verbundenen Keilen aufgebaut werden. Früher übten sich die Maler darin, die Formen der Hände zu zeichnen, indem sie auch bewegte Holzmodelle zeichneten, die eigens zu diesem Zweck gebaut wurden.

Die Zeichnungen auf dieser und der folgenden Doppelseite sollen Ihnen die Schritte beim Zeichnen von Händen oder Füßen in gleich welcher Stellung zeigen: 1. eine Skizze, die sehr vereinfacht, aber getreu die Bildung und Haltung zeigt; 2. die Übertragung dieser Skizze in geometrische Körper, um die nötige anatomische Festigkeit und räumliche Ausdehnung zu erhalten; 3. die Verfeinerung der Details und der Besonderheiten der äußeren Formen.

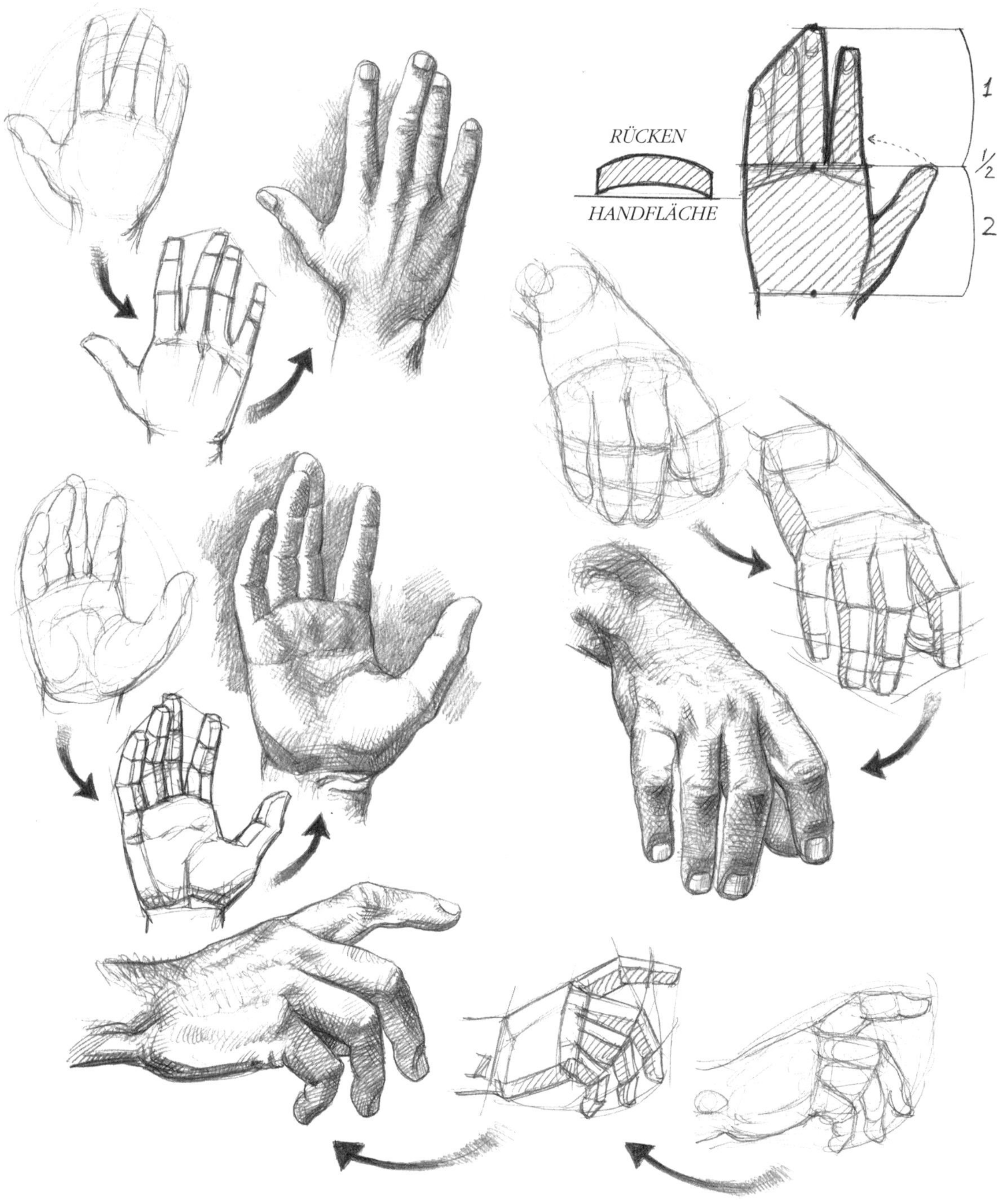

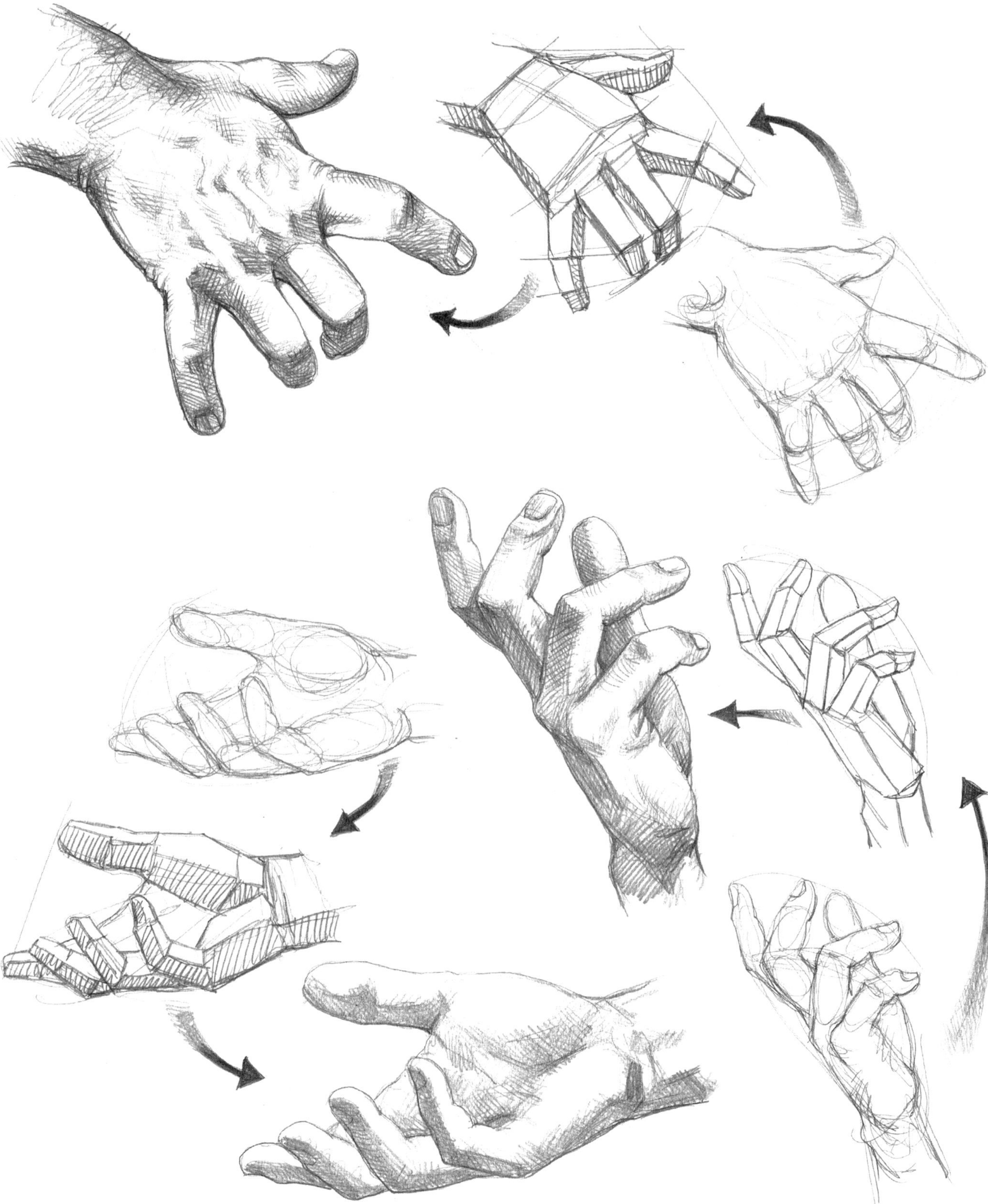

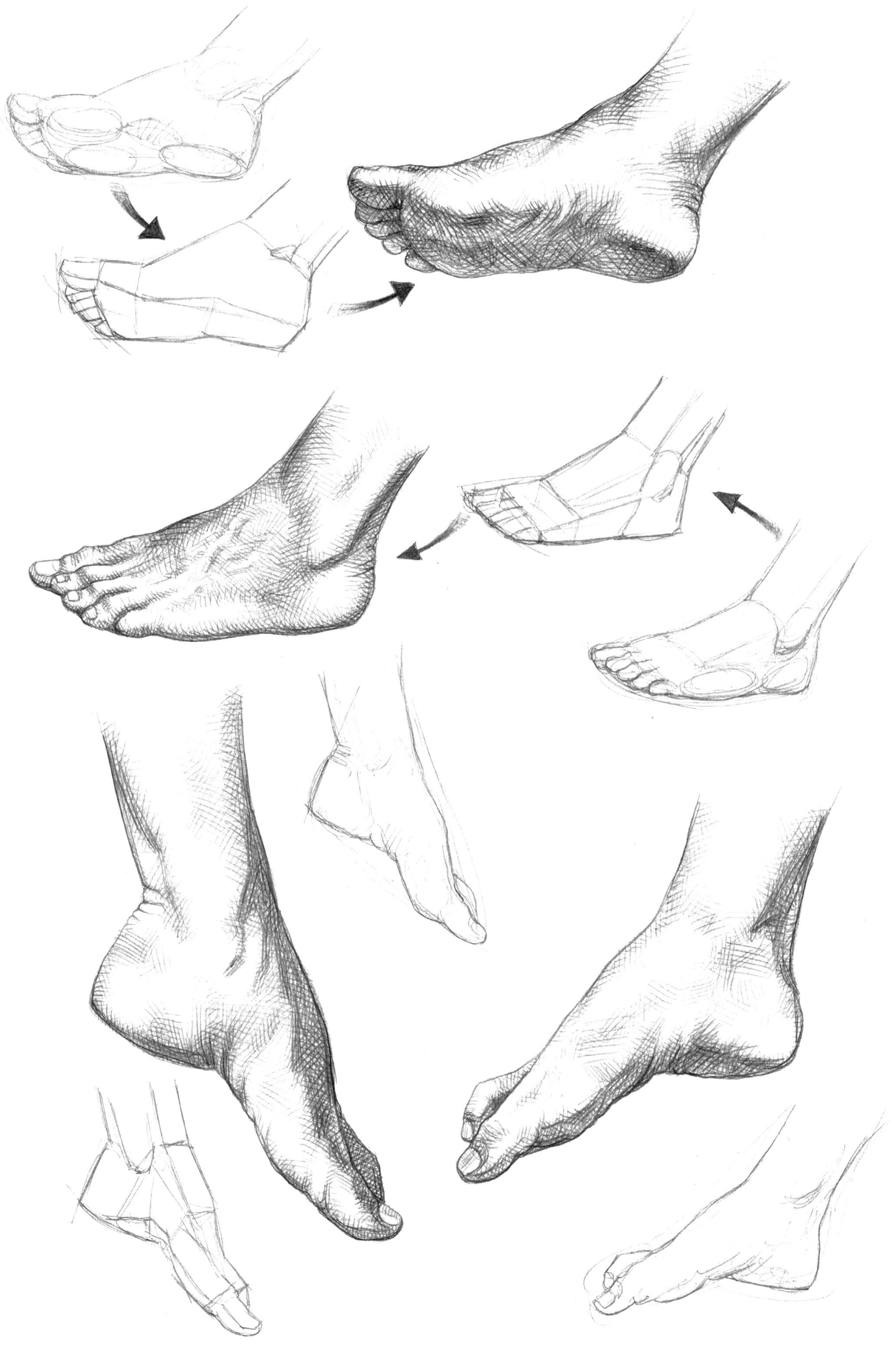

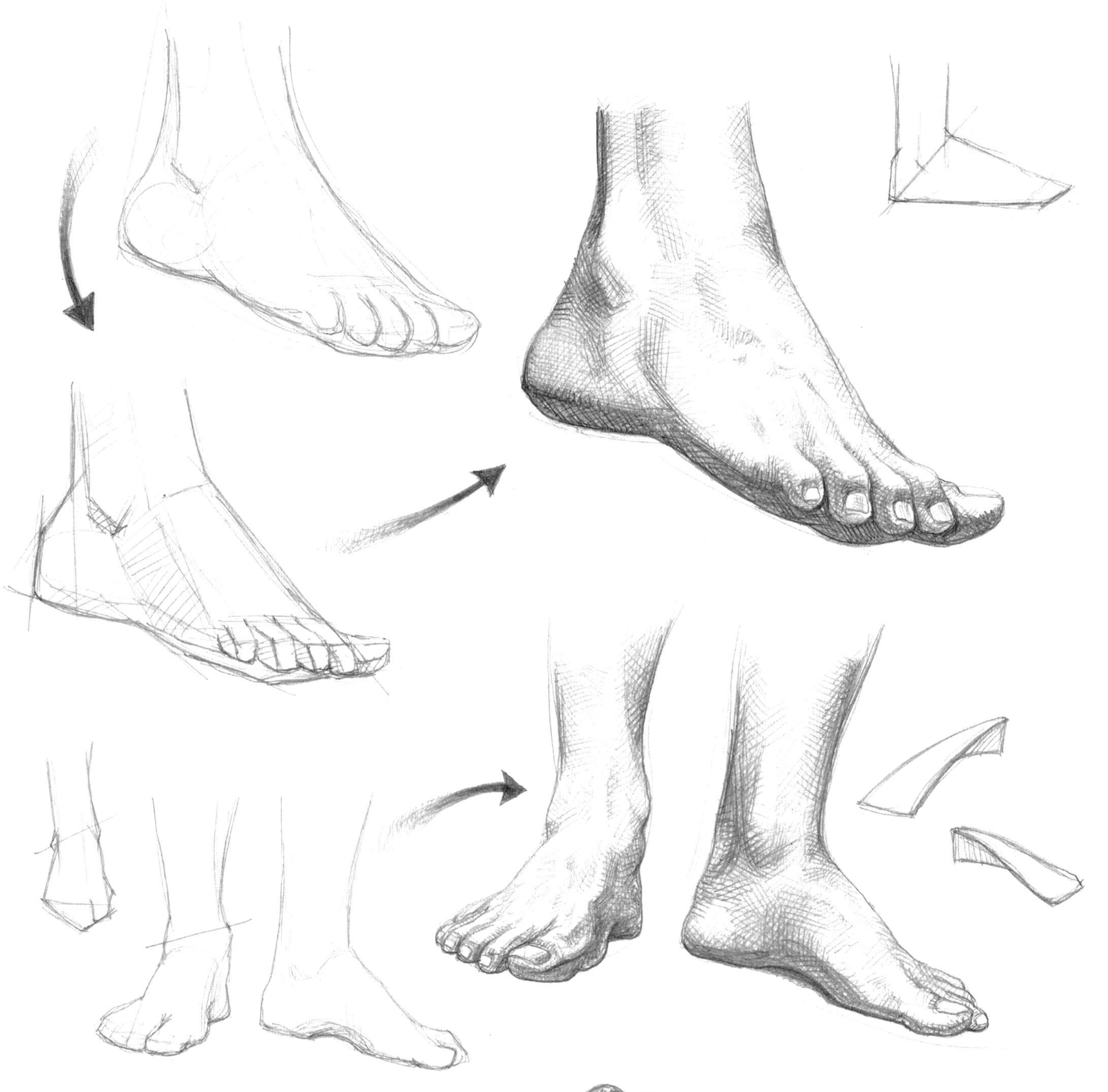

Während die Hand am Handgelenk an den Unterarm anschließt und dessen Richtung fortsetzt, schließt der Fuß am Fußgelenk (Knöchel) im rechten Winkel an das Bein an.
Der Fußrücken ist in der Nähe des Knöchels konvex gewölbt, verbreitert sich nach unten und wird zu den Zehen hin flacher. Die Fußsohle ist dagegen eben, zu den Zehen hin breit und schmal an der Ferse. Ihre Innenseite liegt nicht flächig auf dem Boden auf, sondern ist der Fußwölbung folgend erhöht. Ein gesunder Fuß eines Erwachsenen liegt daher nur mit der Ferse, der Außenkante und dem Ballen (eigentlich den Enden der Mittelfußknochen) auf dem Boden auf.

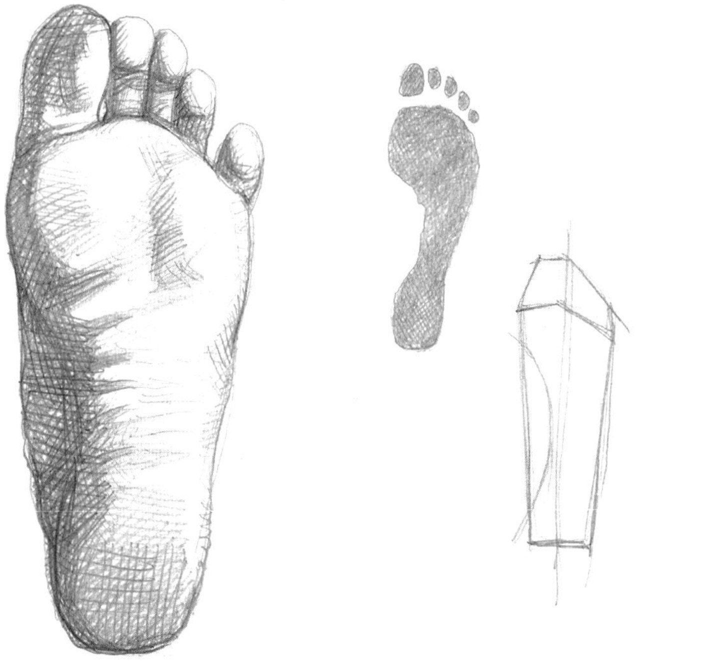

Anatomie: Die Knochen

Knochen der Hand und des Handgelenks (Seiten 12/13):

1 - Speiche
2 - Elle
3 - Mondbein
4 - Dreieckbein
5 - Erbsenbein
6 - Hakenbein
7 - Mittelhandknochen
8 - Grundglieder der Finger
9 - Mittelglieder der Finger
10 - Endglieder der Finger
11 - Endglied des Daumens
12 - Grundglied des Daumens
13 - 1. Mittelhandknochen (des Daumens)
14 - kleines Vieleckbein
15 - großes Vieleckbein
16 - Kopfbein
17 - Kahnbein
18 - 5. Mittelhandknochen

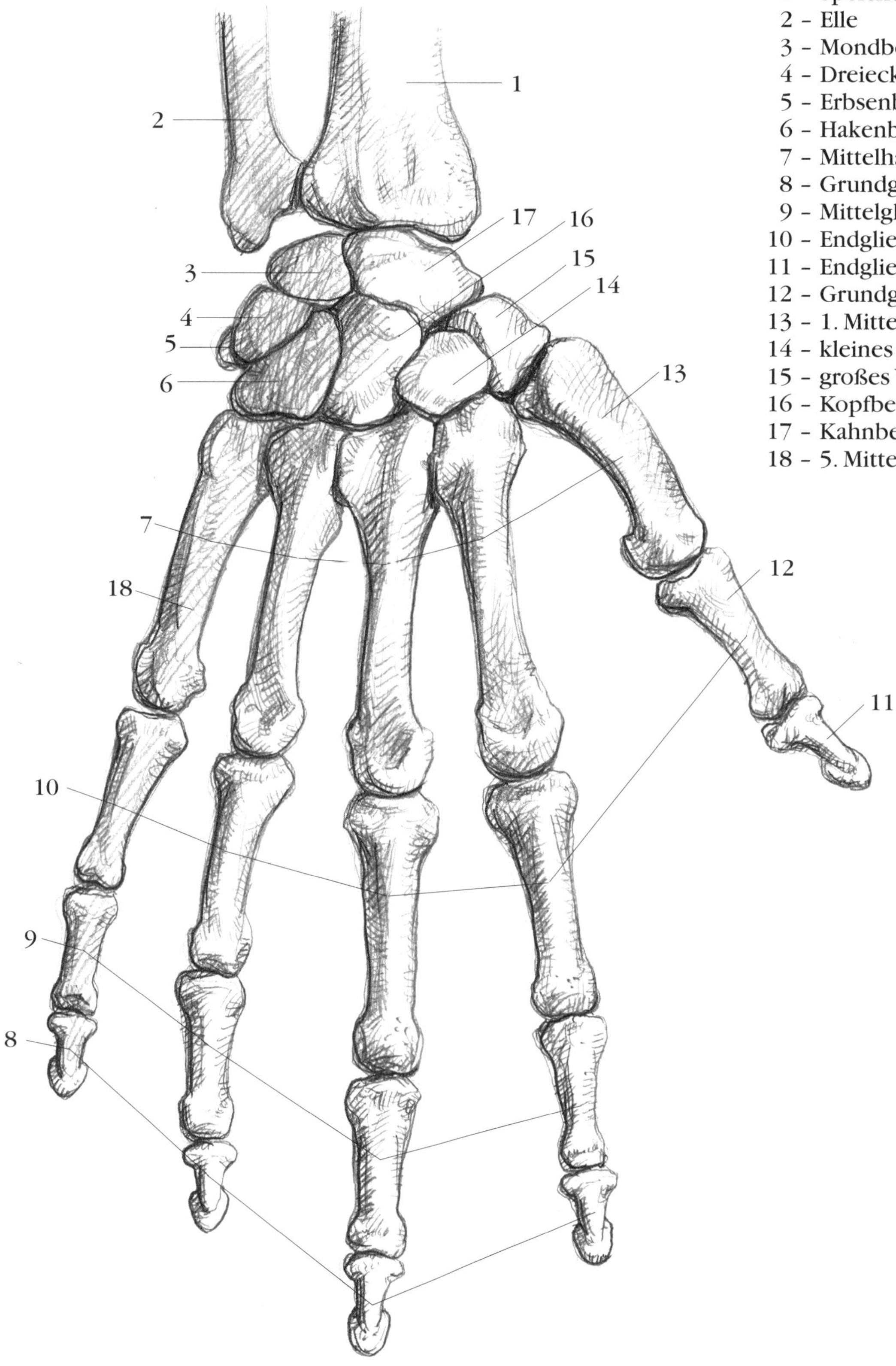

Rechte Hand: Blick auf den Handrücken

Rechte Hand: Handgelenk von oben

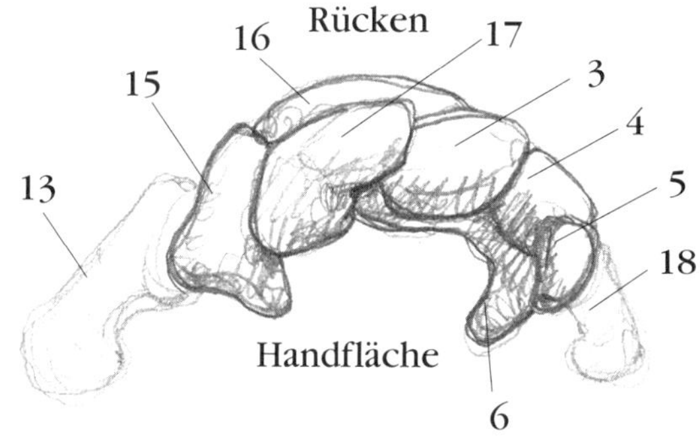

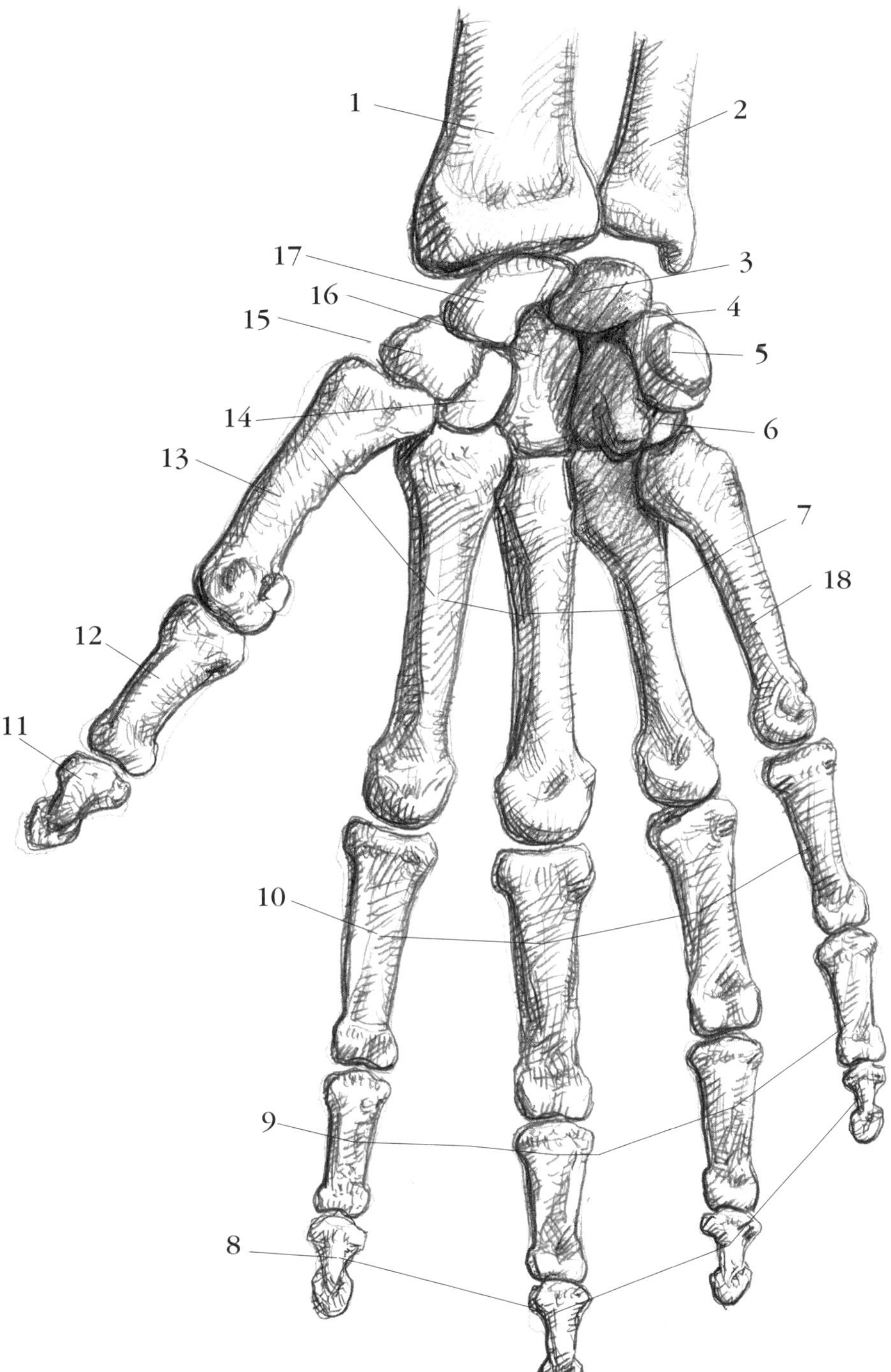

Rechte Hand: Blick auf den Handteller

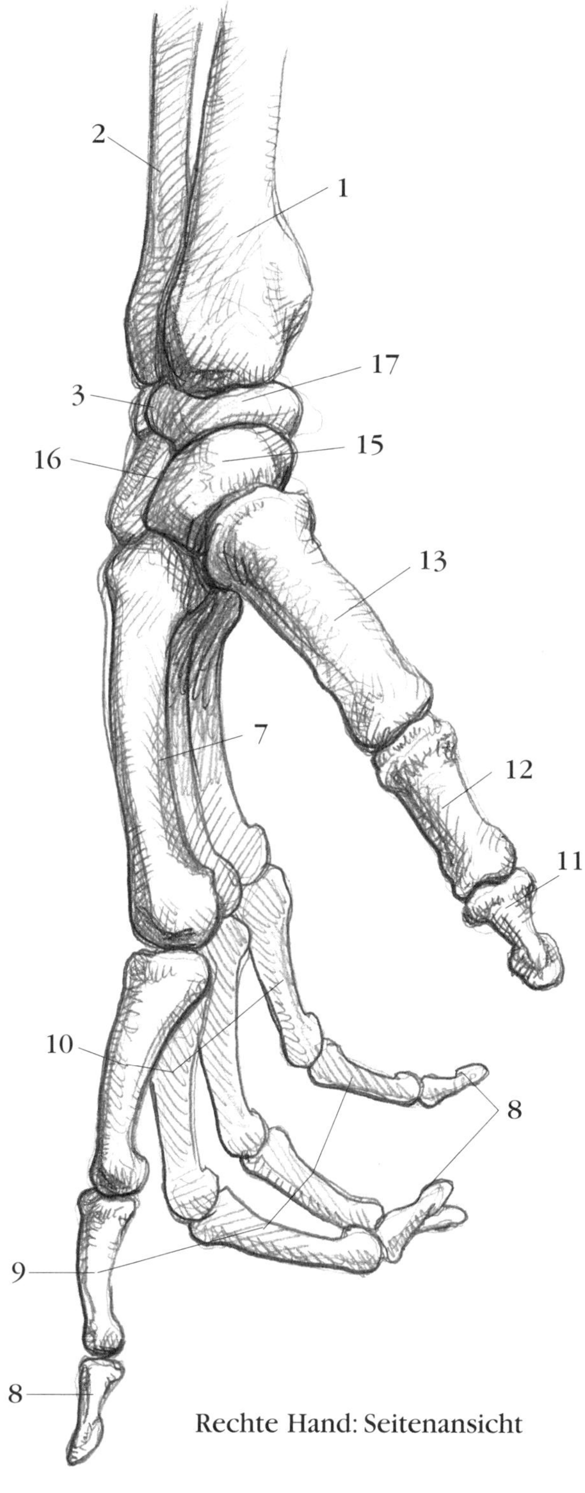

Rechte Hand: Seitenansicht

Knochen des Fußes und des Fußgelenks (Seiten 14/15):

1 - Sprungbein
2 - Fersenbein
3 - Kahnbein
4 - inneres Keilbein
5 - mittleres Keilbein
6 - äußeres Keilbein
7 - Glieder der vier Zehen (Grund-, Mittel- und Endglied)
8 - 5. Mittelfußknochen
9 - Würfelbein
10 - Endglied der großen Zehe
11 - Grundglied der großen Zehe
12 - 1. Mittelfußknochen
13 - Mittelfußknochen
14 - Schienbein
15 - Wadenbein

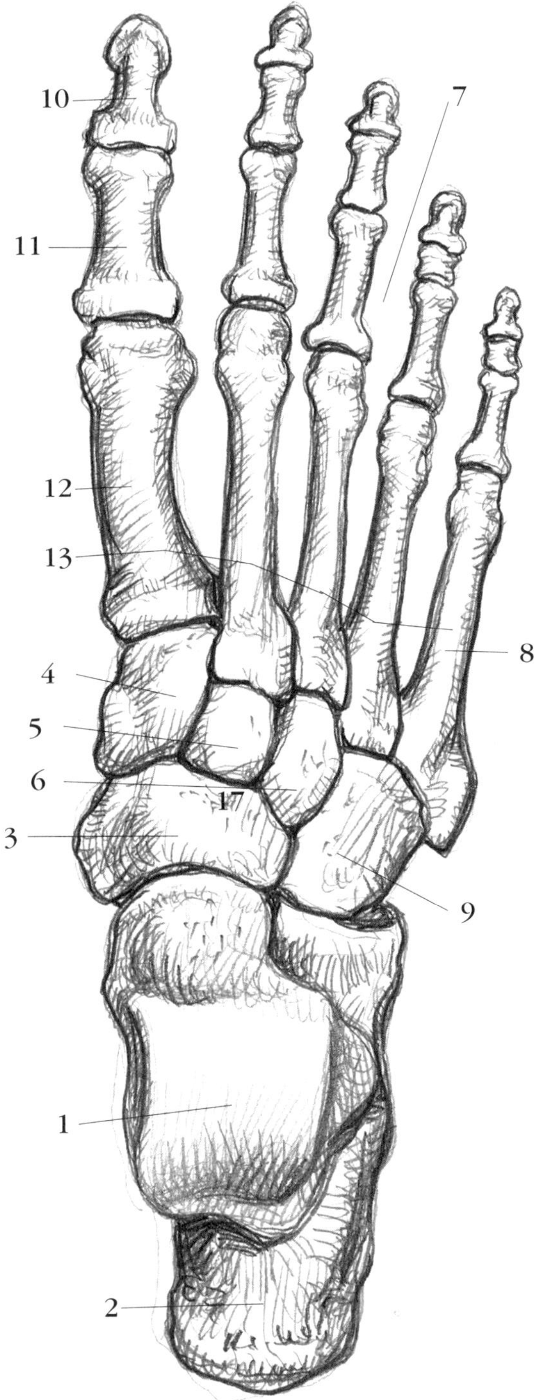

Rechter Fuß:
Blick auf den Fußrücken

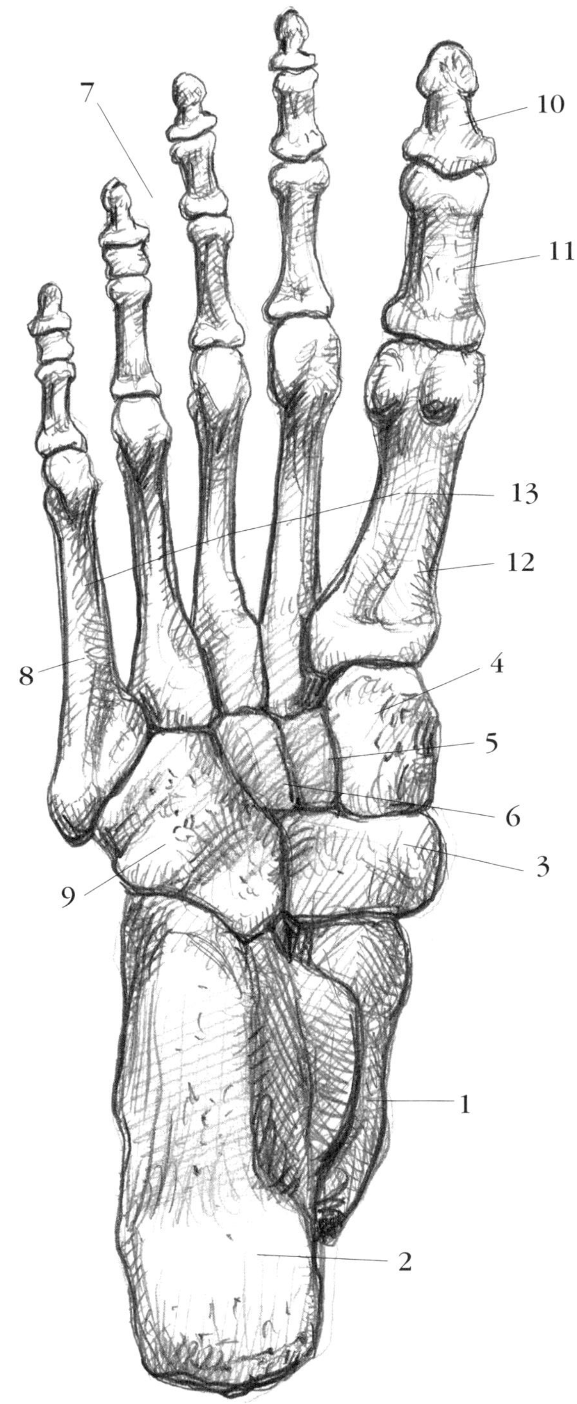

Rechter Fuß:
Blick auf die Sohle

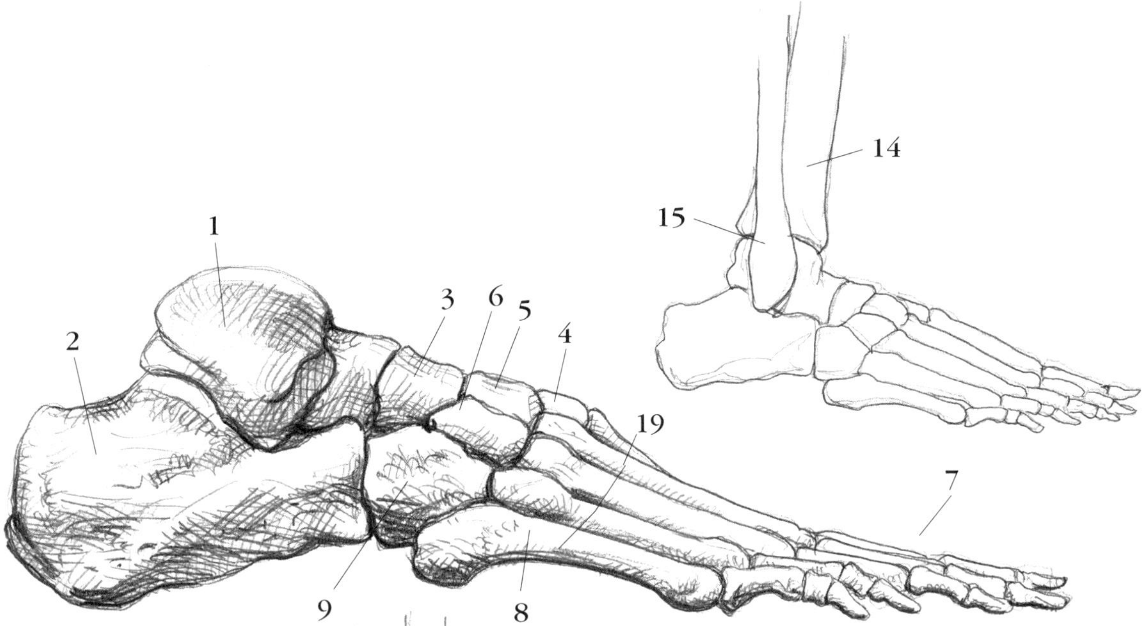

Rechter Fuß:
Seitenansicht

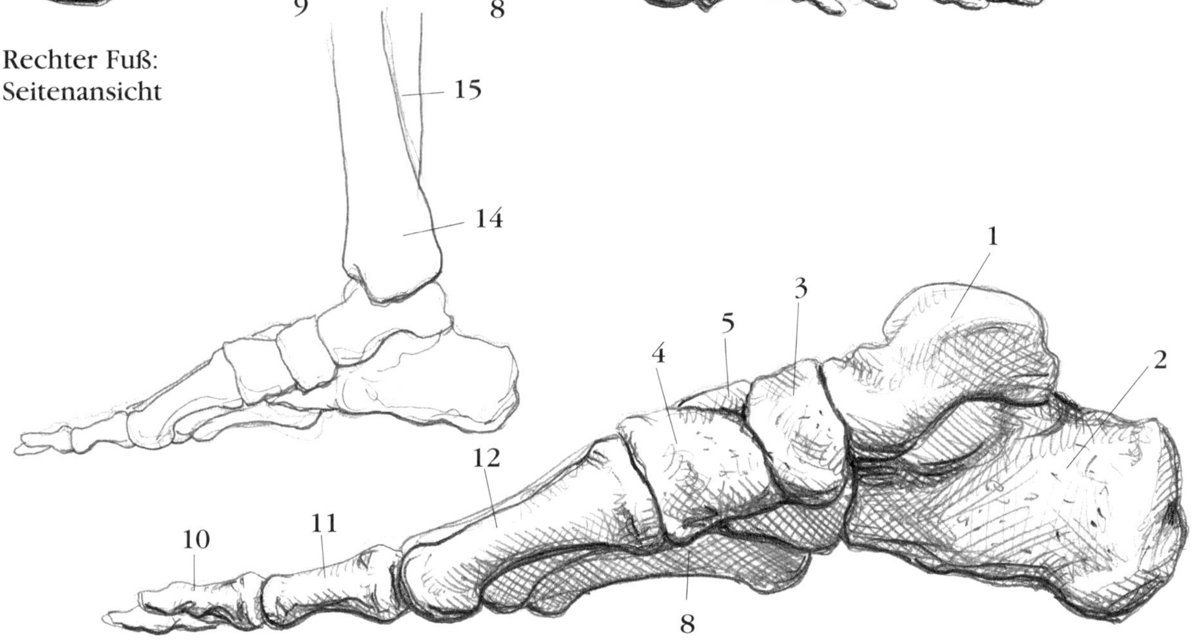

Rechter Fuß:
Innenseite

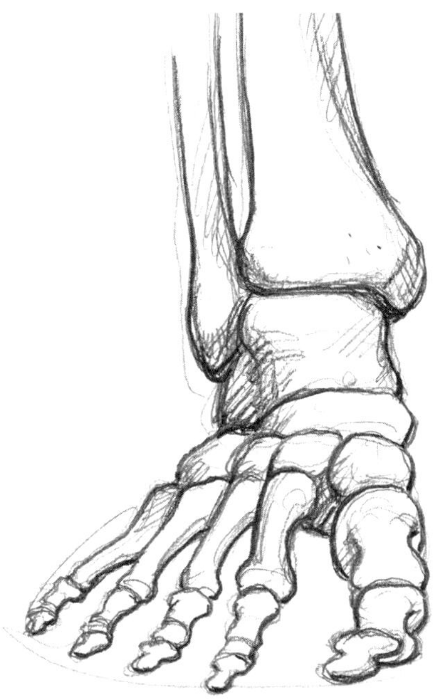

Ansicht von vorn

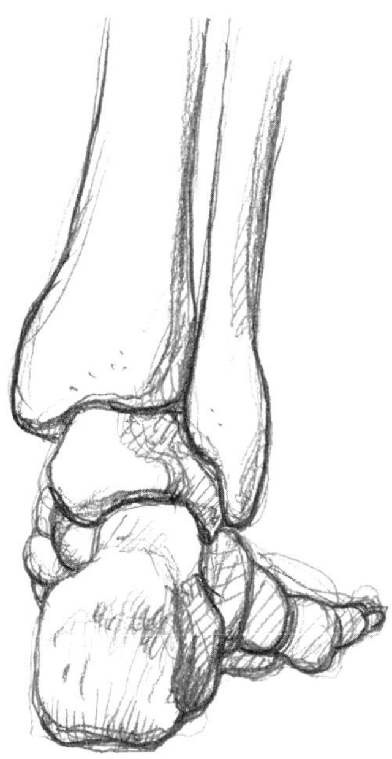

Rückansicht

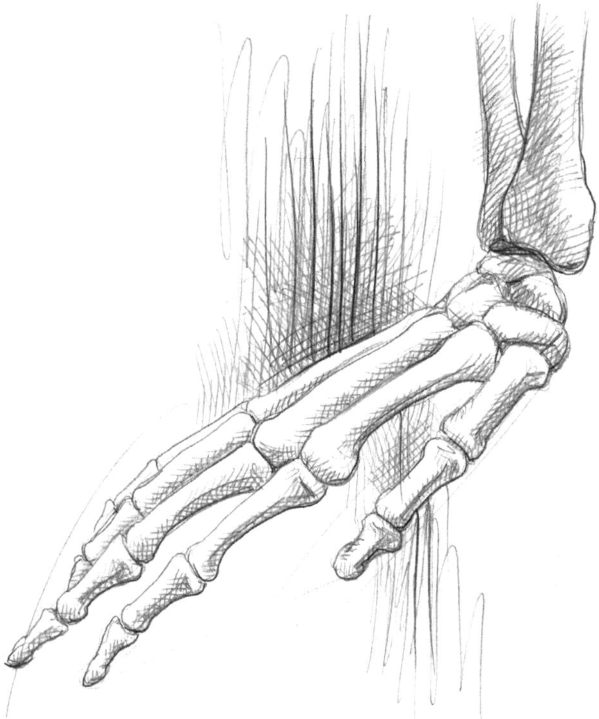

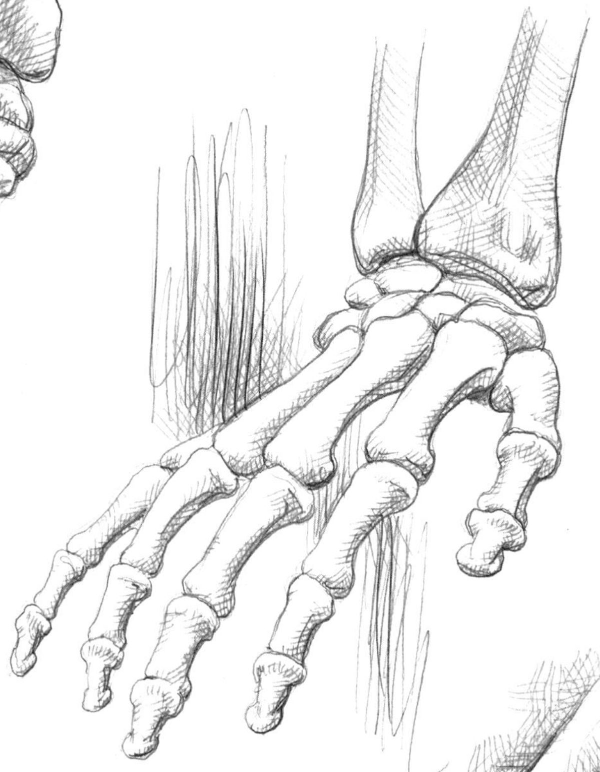

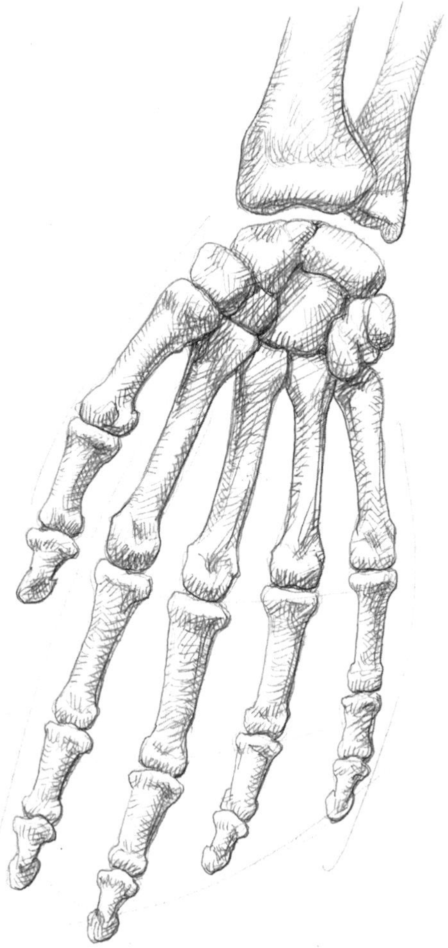

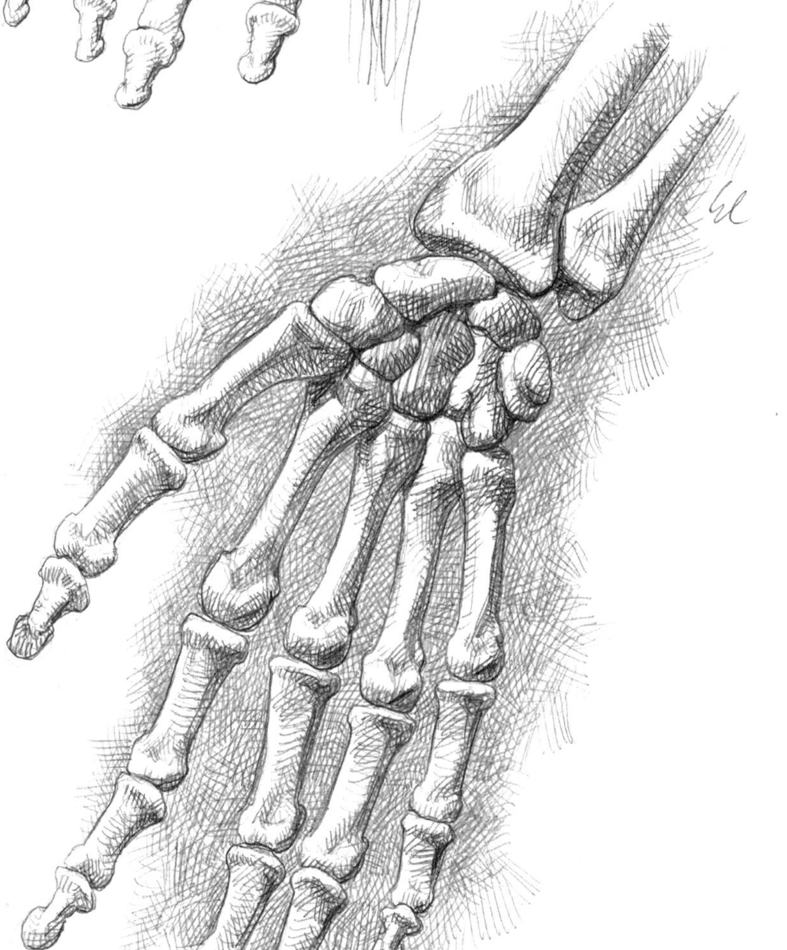

Einige Ansichten des Skeletts der rechten Hand

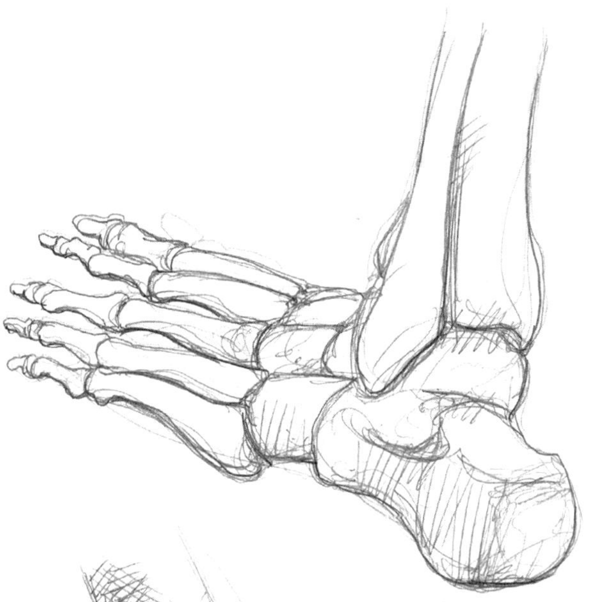
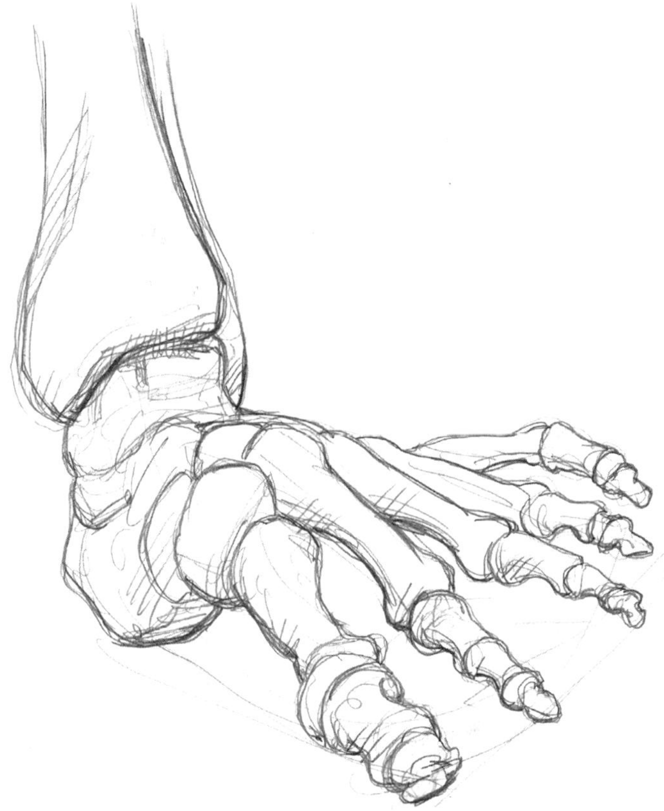
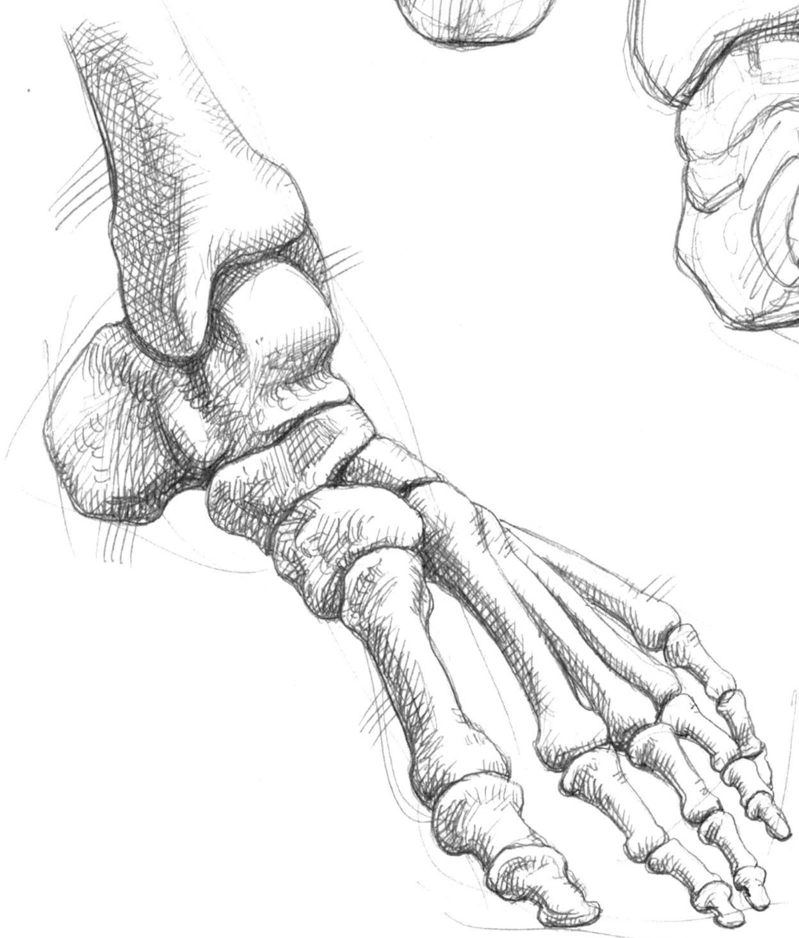
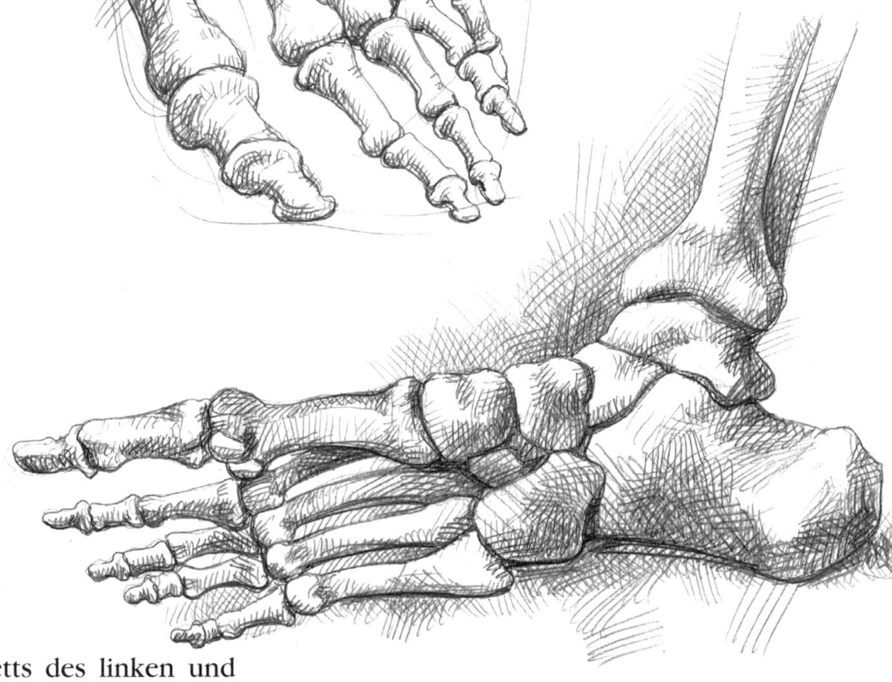
a

Einige Ansichten des Skeletts des linken und des rechten Fußes (a)

5 Anatomie: Die Muskeln

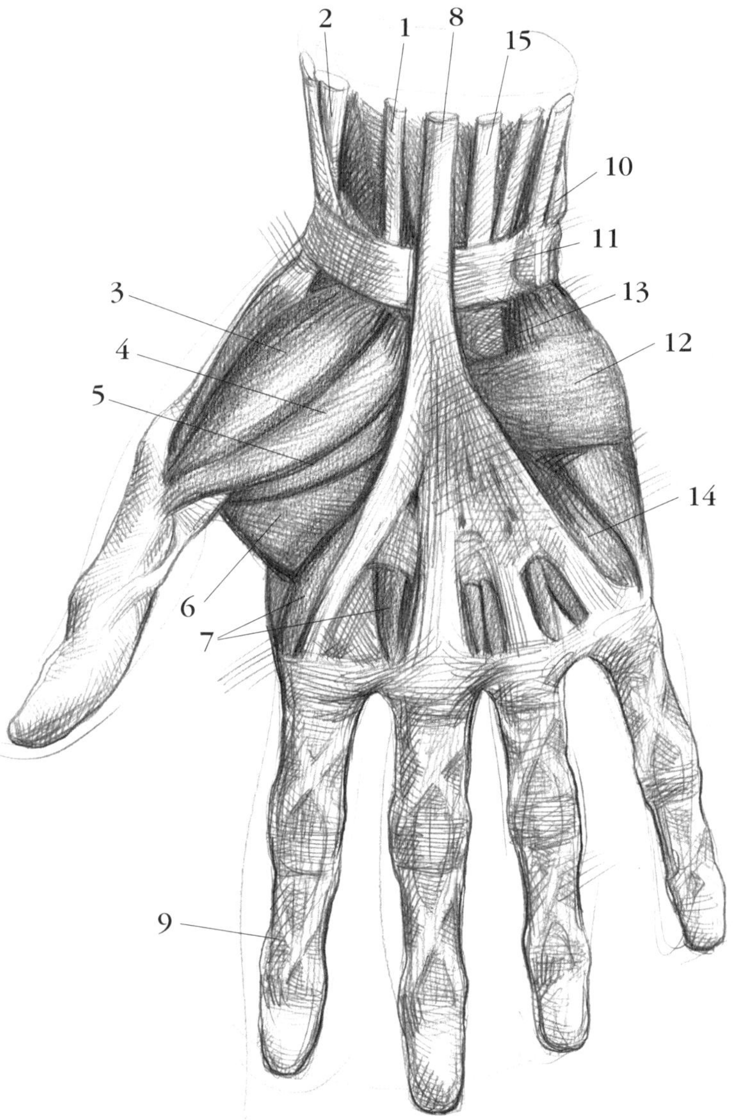

Rechte Hand:
Innenseite

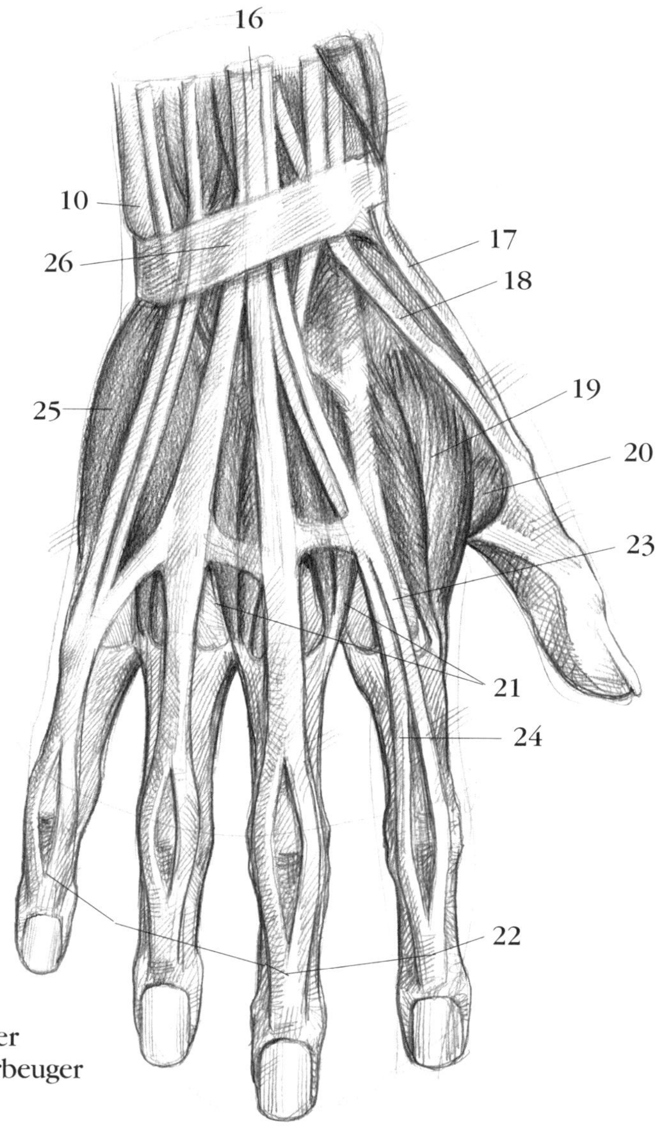

Rechte Hand:
Rückseite

Muskeln der Hand

1 - radialer Handbeuger
2 - langer Daumenabzieher
3 - kurzer Daumenabzieher
4 - kurzer Damenbeuger
5 - langer Daumenbeuger
6 - Daumenadduktor
7 - wurmförmige Handmuskeln
8 - langer Hohlhandmuskel (und seine Sehne)
9 - Sehnen der Fingerbeuger
10 - Speiche
11 - Erbsenbein
12 - kurzer Hohlhandmuskel
13 - Kleinfingerspreizer
14 - Kleinfingergegensteller
15 - oberflächlicher Fingerbeuger
16 - Fingerstrecker
17 - kurzer Daumenstrecker
18 - langer Daumenstrecker
19 - 1. Zwischenknochenmuskel des Handrückens
20 - Daumenadduktor
21 - Zwischenknochenmuskel des Handrückens
22 - Sehnen der Fingerstrecker
23 - Fingerstrecker
24 - Zeigefingerstrecker
25 - Kleinfingerspreizer
26 - Sehnenscheide der Strecker

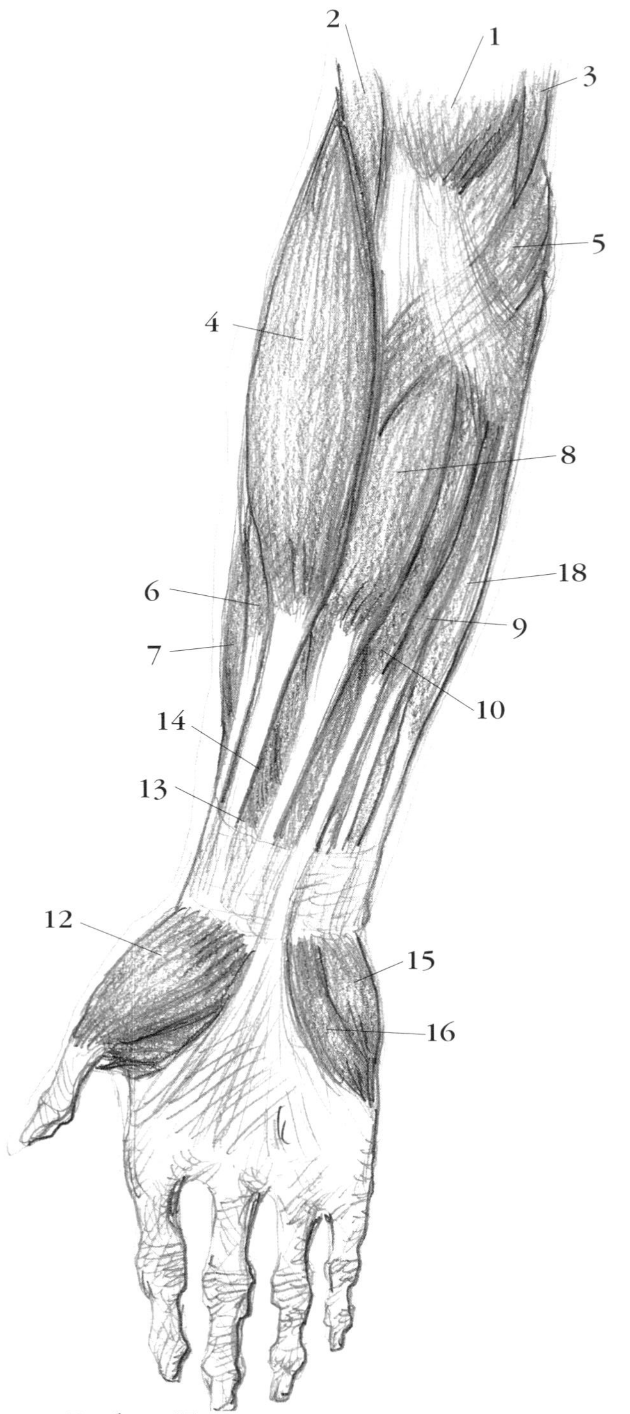

Rechter Unterarm:
Innenseite

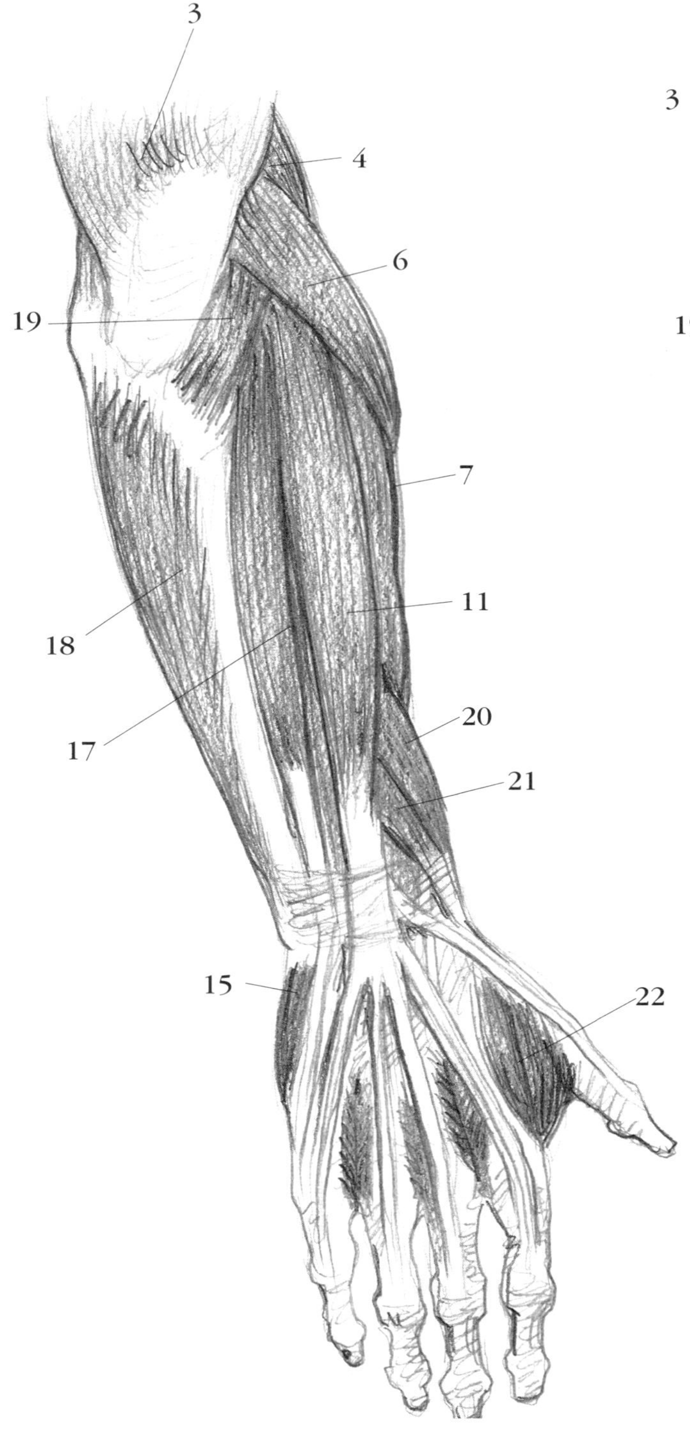

Außenseite

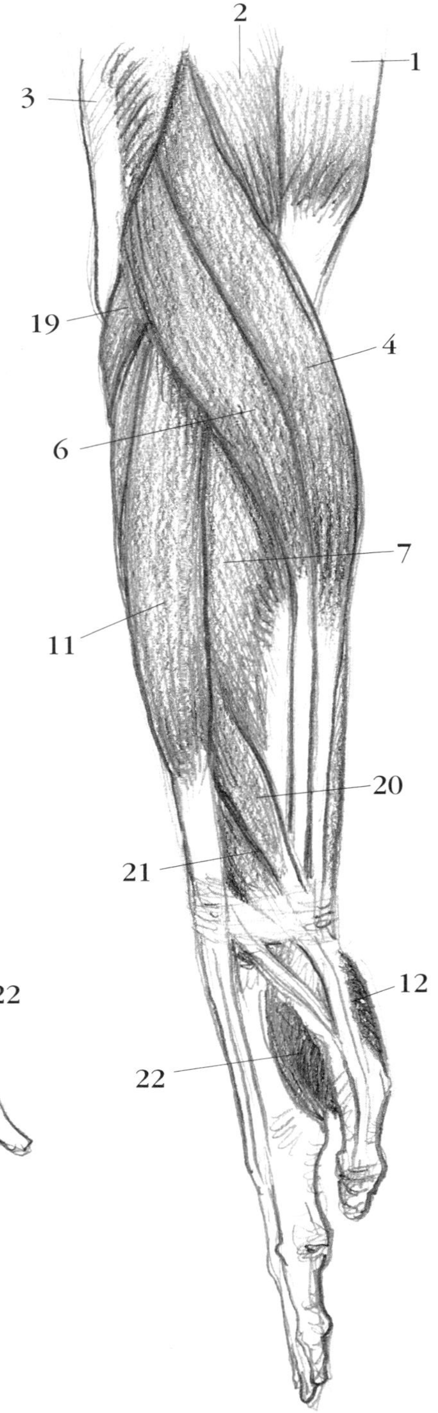

Profilansicht

Muskeln des Unterarms

1 – Bizeps
2 – Oberarmmuskel
3 – Trizeps
4 – Oberarm-speichenmuskel
5 – runder Einwärtsdreher
6 – langer radialer Handstrecker
7 – kurzer radialer Handstrecker
8 – radialer Handbeuger
9 – oberflächlicher Fingerbeuger
10 – langer Hohlhandmuskel
11 – Fingerstrecker
12 – kurzer Daumenspreizer
13 – viereckiger Einwärtsdreher
14 – langer Daumenbeuger
15 – Kleinfingerspreizer
16 – Kleinfingergegensteller
17 – ulnarer Handstrecker
18 – ulnarer Handbeuger
19 – Ellenbogenmuskel
20 – langer Daumenspreizer
21 – kurzer Daumenstrecker
22 – Zwischenknochenmuskeln

Fußmuskeln

1 – langer Zehenstrecker
2 – langer Großzehenstrecker
3 – inneres Keilbein
4 – Sehne des vorderen Schienbeinmuskels
5 – Großzehenspreizer
6 – kurzer Großzehenstrecker
7 – Kleinzehenspreizer
8 – kurzer Zehenstrecker
9 – Zwischenknochenmuskeln
10 – kurzer Zehenbeuger
11 – Großzehenspreizer
12 – Sehnen des langen Zehenbeugers
13 – Sehnen des Großzehenbeugers
14 – Kleinzehenspreizer
15 – kurzer Kleinzehenbeuger

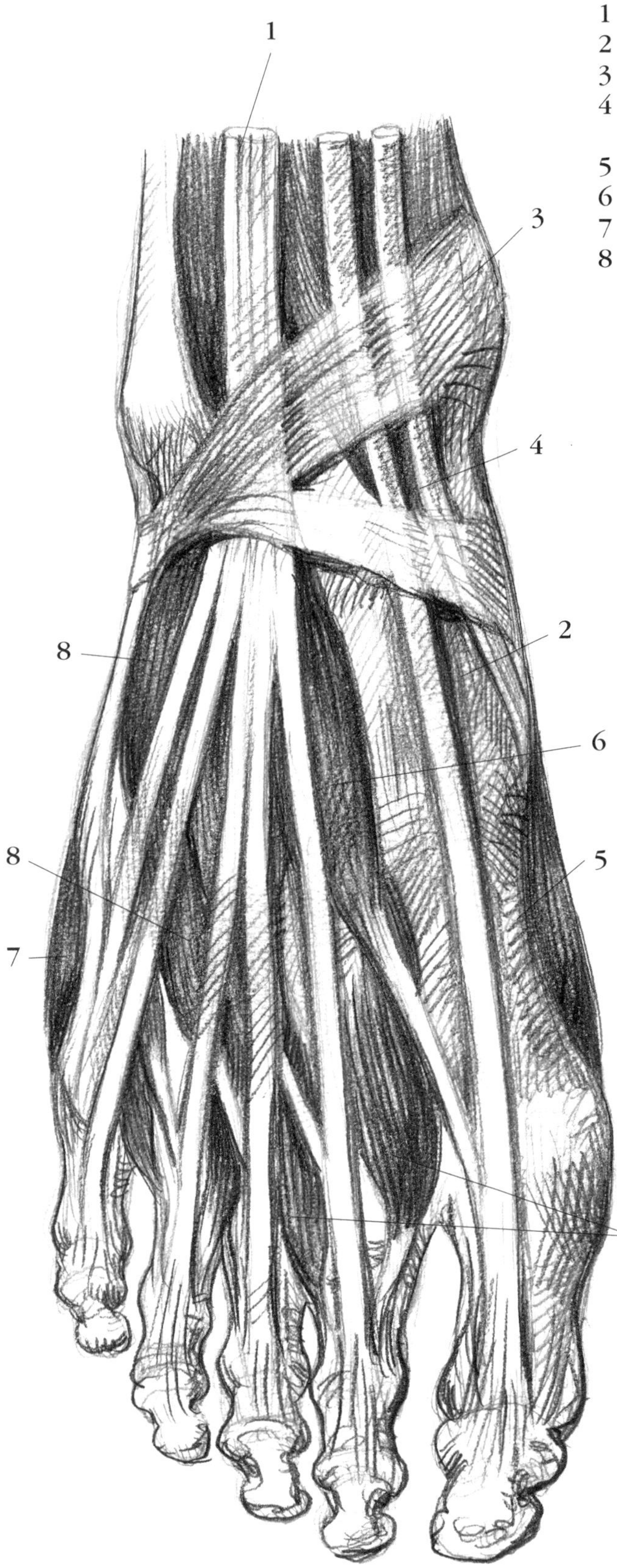

Rechter Fuß: Rückseite (Oberseite)

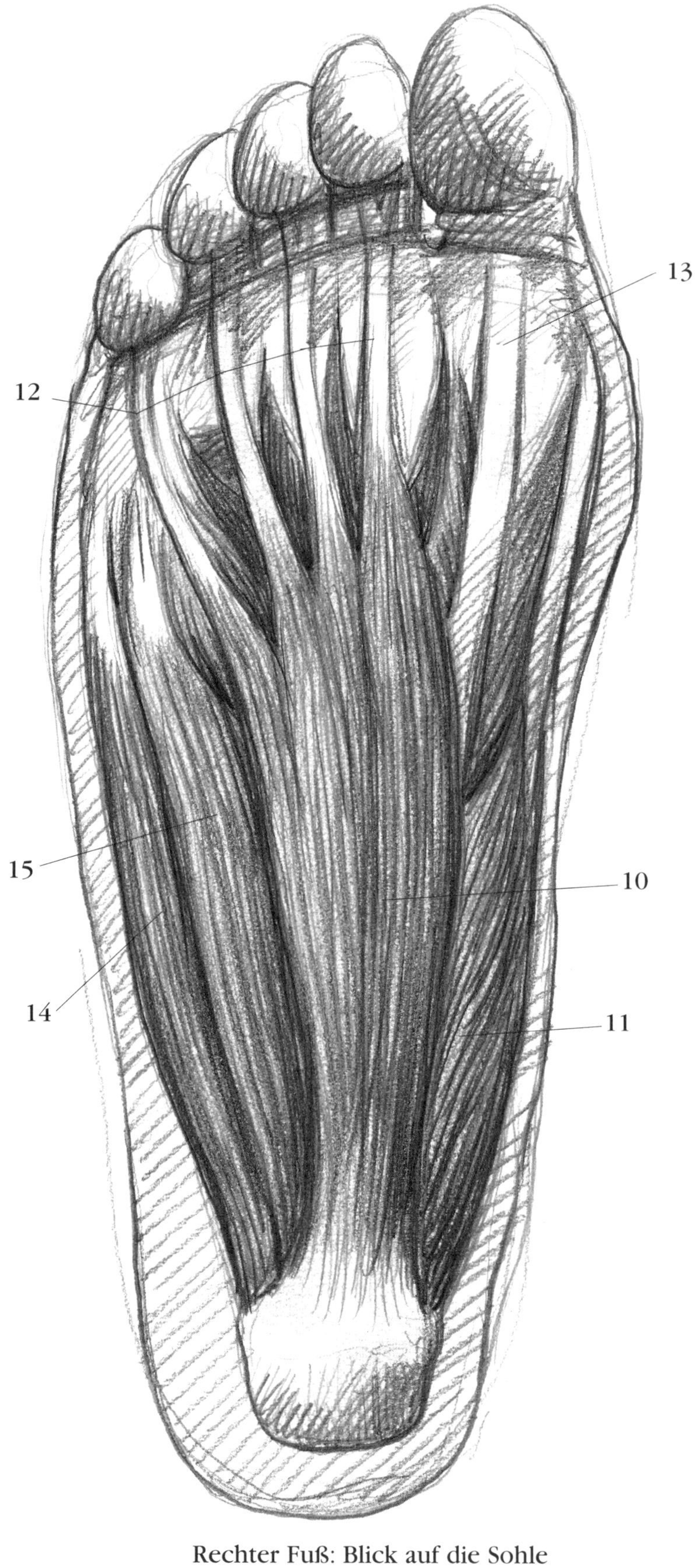

Rechter Fuß: Blick auf die Sohle

Unterschenkelmuskeln:

1 – zweiköpfiger Wadenmuskel, innerer Kopf
2 – zweiköpfiger Wadenmuskel, äußerer Kopf
3 – Schollenmuskel
4 – vorderer Schienbeinmuskel
5 – langer Wadenbeinmuskel
6 – kurzer Wadenbeinmuskel
7 – langer Zehenstrecker
8 – kurzer Zehenstrecker
9 – Großzehenspreizer
10 – Schienbein
11 – Achillessehne
12 – dritter Wadenbeinmuskel

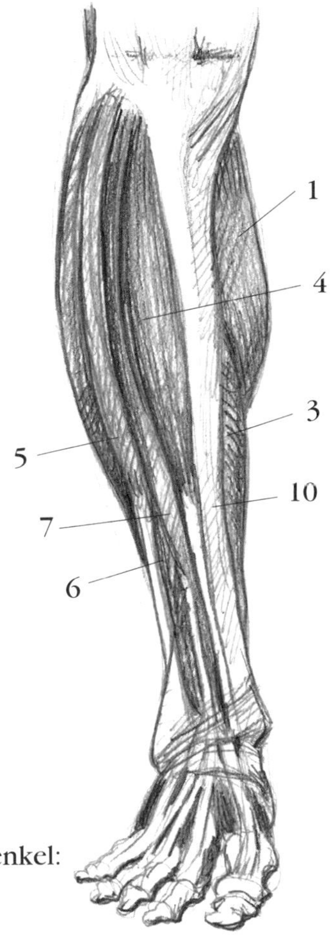

Rechter Unterschenkel:
Vorderansicht

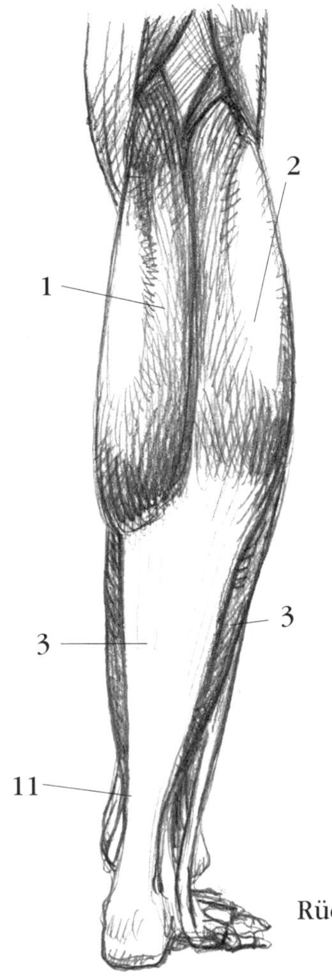

Rückansicht

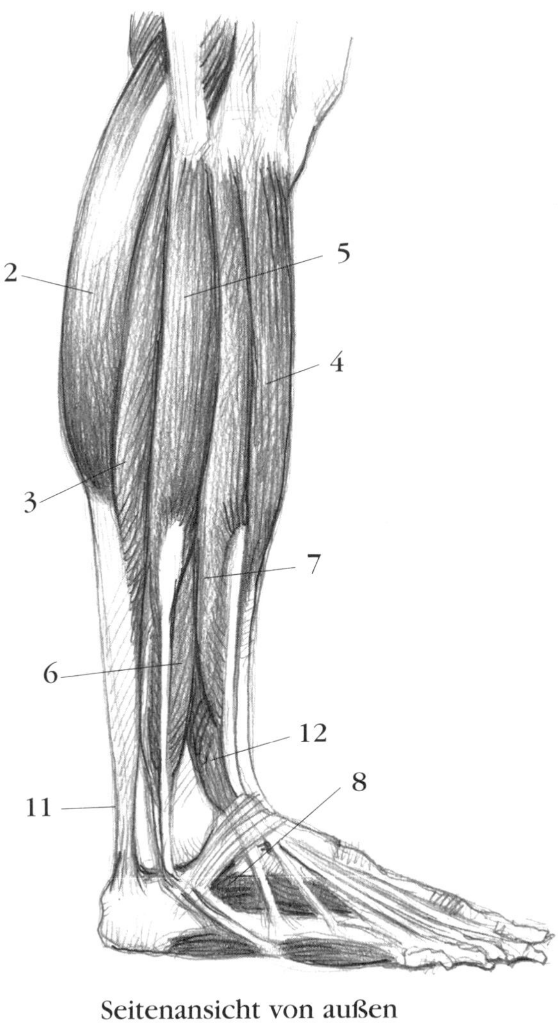

Seitenansicht von außen

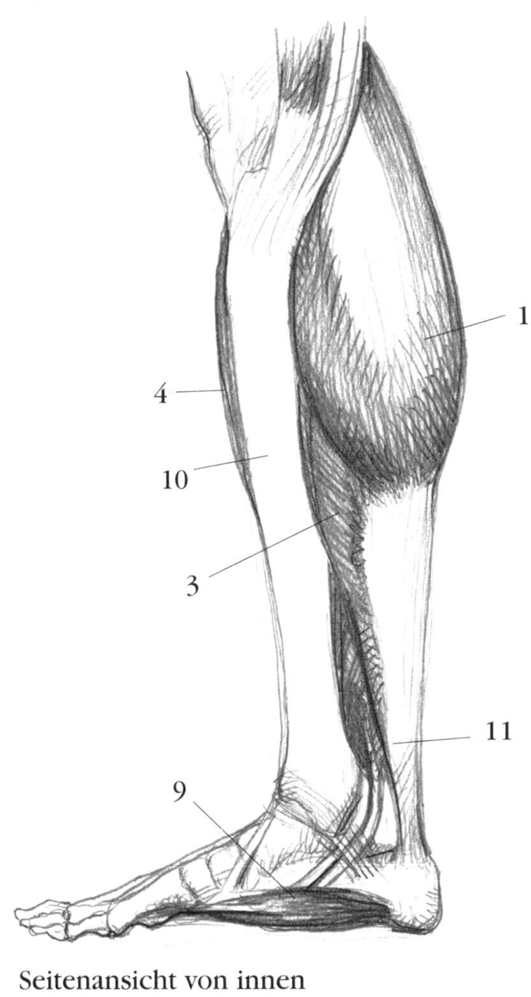

Seitenansicht von innen

6 Aussehen der Hand

Eine Beschreibung des Aussehens der Hand finden Sie auf Seite 6 und 7. Es ist sehr nützlich, die eigenen Hände direkt oder im Spiegel zu studieren und sie dann mit den Händen anderer Menschen zu vergleichen.
Zu diesem Zweck versuchen Sie, die wichtigsten Knochen, Sehnen und Muskeln, die das äußere Erscheinungsbild der Hand prägen, zu identifizieren, und zwar in ausgestreckter Position und in diversen Haltungen. Ein Vergleich ist natürlich auch zwischen Menschen unterschiedlichen Geschlechts, Alters und Gewichts sinnvoll.

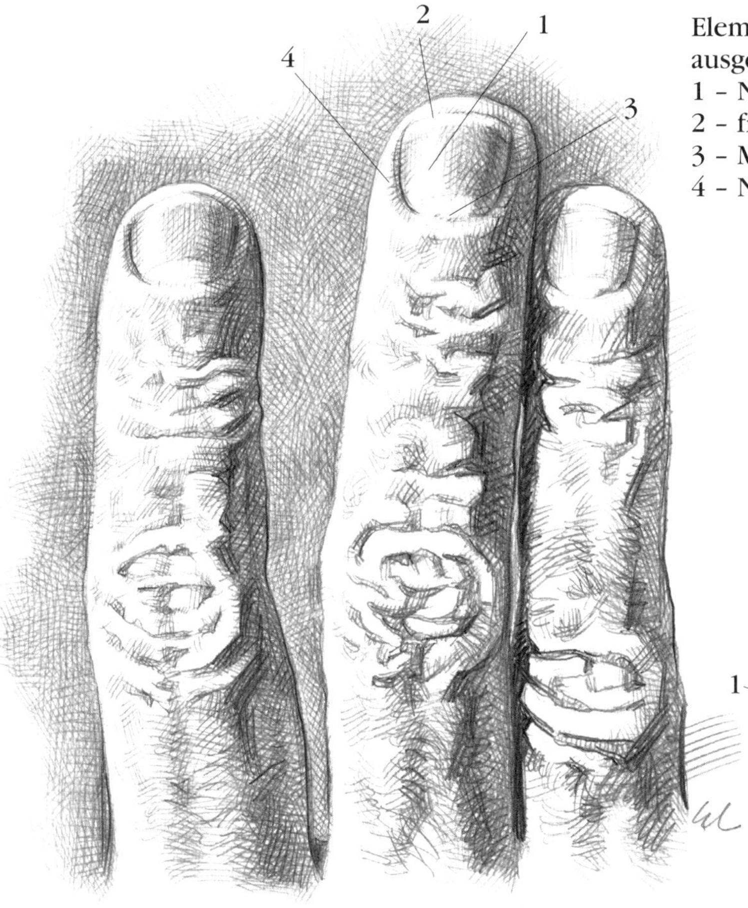

Elemente der Rückseite der Finger und der Nägel in ausgestreckter Position
1 - Nagel
2 - freier Nagelrand
3 - Mond
4 - Nagelbett

Elemente der rechten männlichen Hand
1 - Speiche
2 - Elle
3 - Tabatière (Fovea radialis)
4 - Daumen
5 - Nagel
6 - kleiner Finger
7 - Oberflächenvenen und Sehnen der Fingerstrecker
8 - Enden der Mittelhandknochen (Fingerknöchel)
9 - Fingerrückenfalten
10 - Zeigefinger
11 - Mittelfinger
12 - Ringfinger
13 - Handteller und Handlinien
14 - Fettpölsterchen am Fingeransatz
15 - Daumenballen
16 - Kleinfingerballen
17 - Querfalten am Handgelenk (Beugefalten)
18 - Fingerkuppe
19 - Falten an der Innenseite der Fingergelenke
20 - Kahnbein
21 - Sehnen der Beugemuskeln

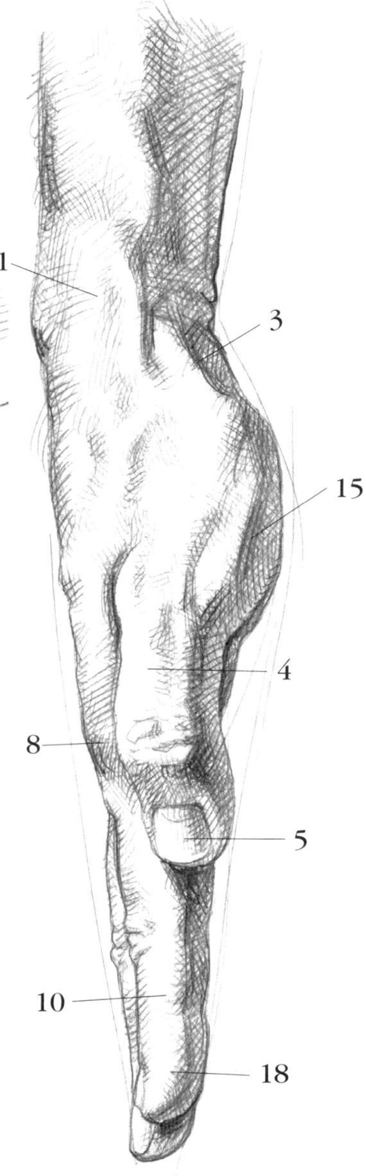

Außenkante

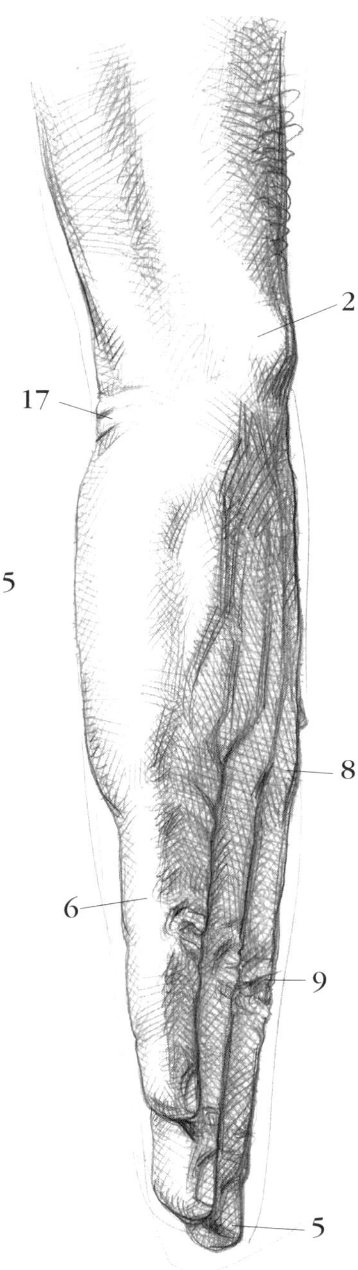

Innenkante

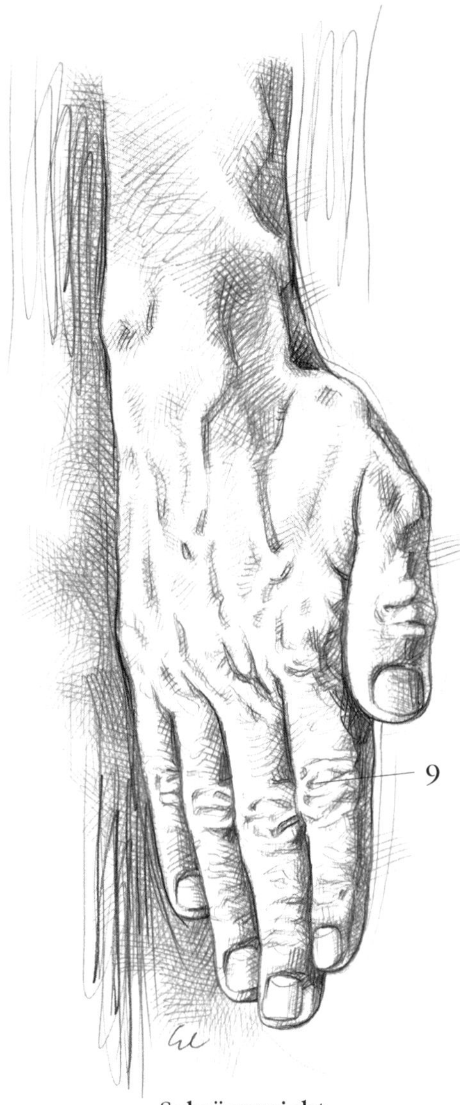

Schrägansicht

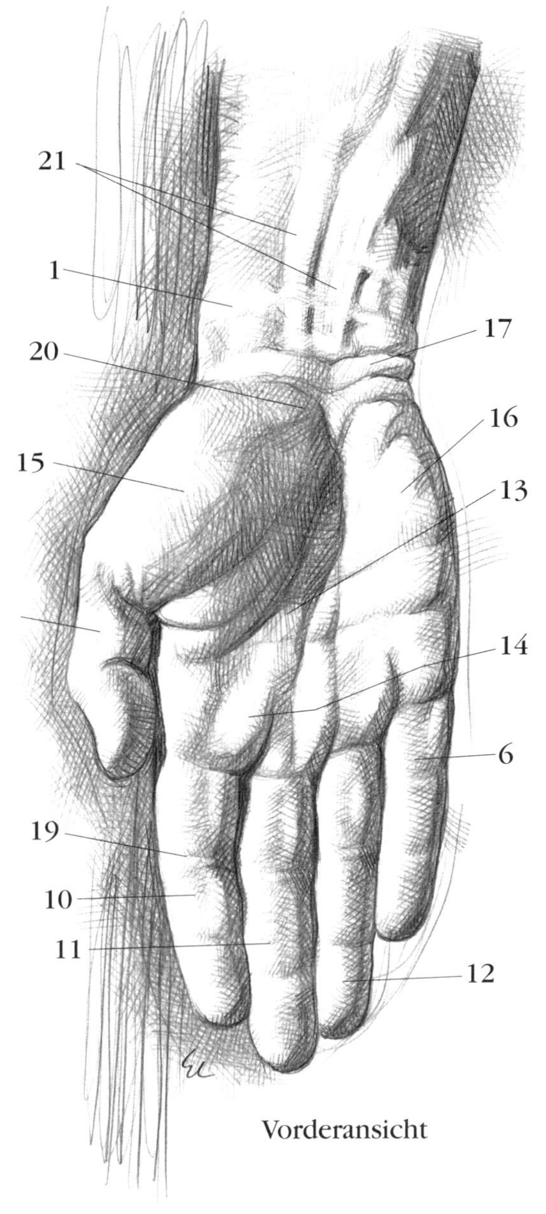

Vorderansicht

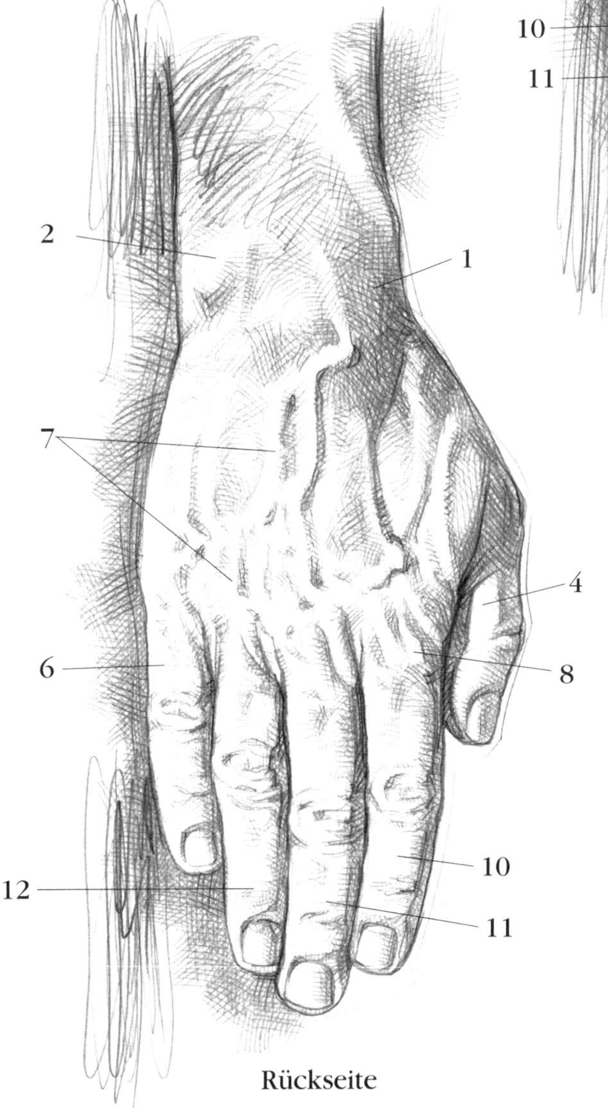

Rückseite

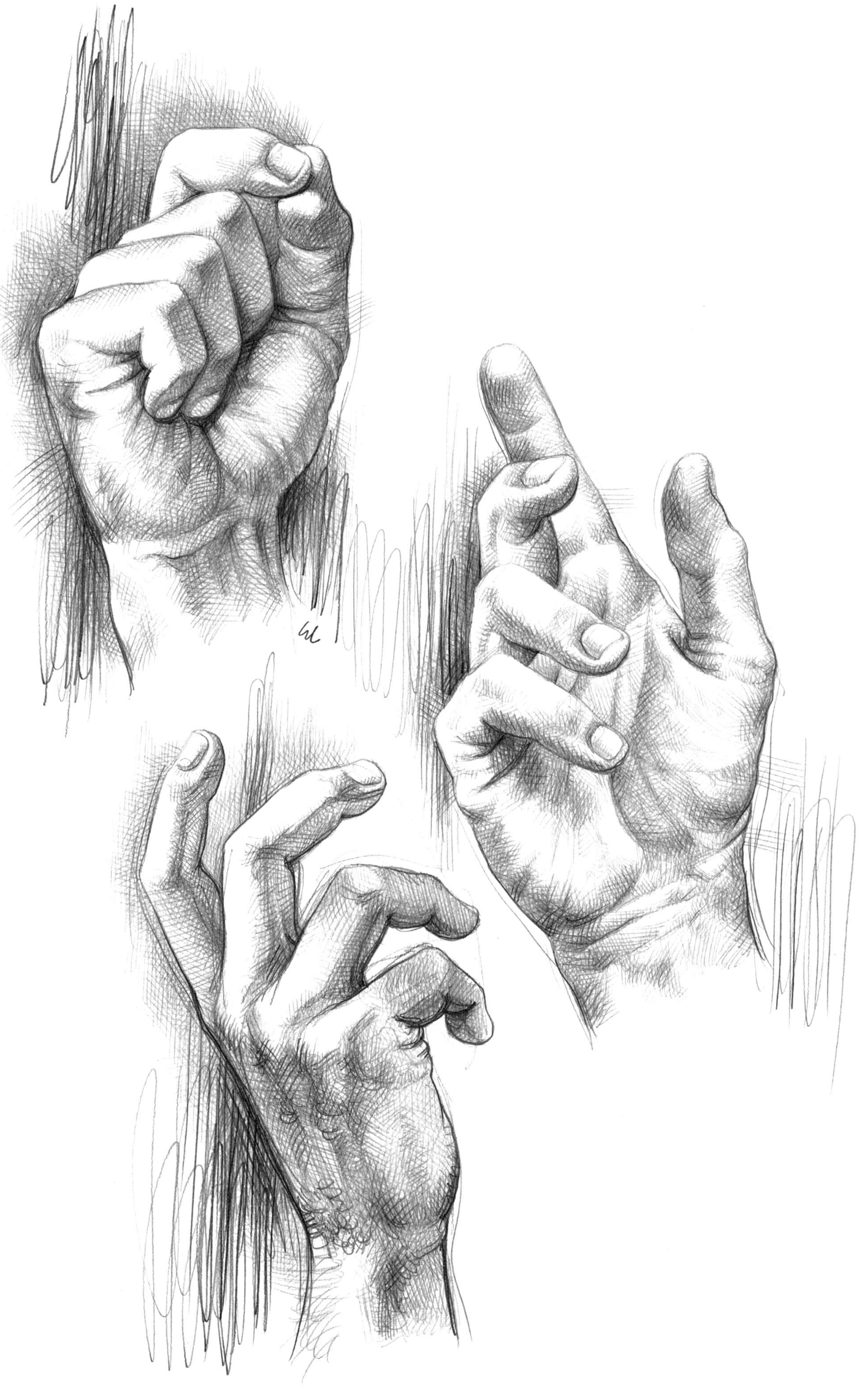

Wenn die Hand ausgestreckt nach unten gehalten wird (a), erscheinen auf dem Handrücken fast immer gut erkennbar die Erhebungen des venösen Oberflächengewebes. Wird dagegen die Hand erhoben (b), lässt die Schwerkraft das Blut aus den Händen abfließen und die Erhebungen der Venen verschwinden oder werden sehr schwach. In diesem Fall allerdings treten die Sehnen der Fingerstrecker stärker hervor.

1 - Oberflächenvenen
2 - Sehnen der Fingerstrecker
3 - Zwischenfingerfalten

a

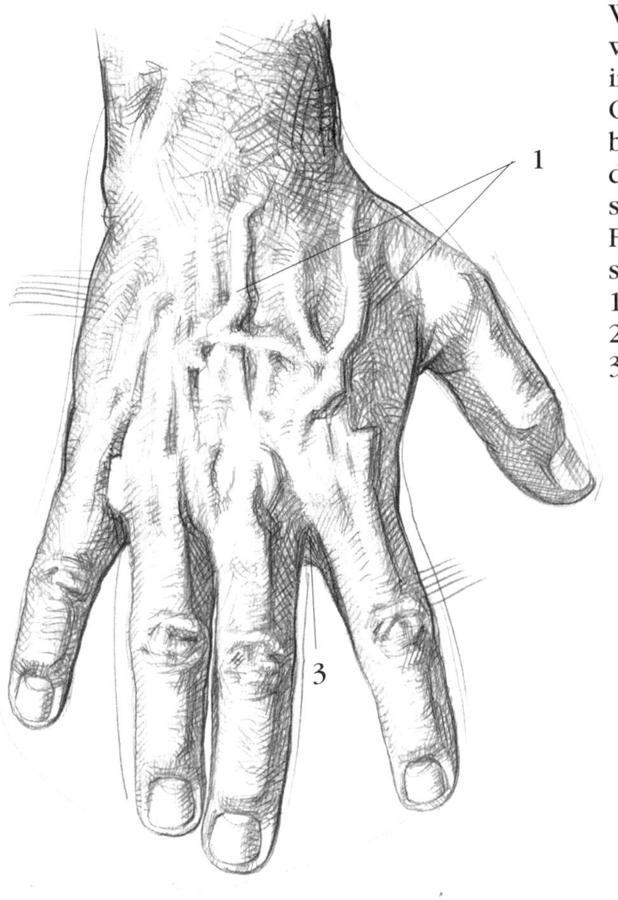

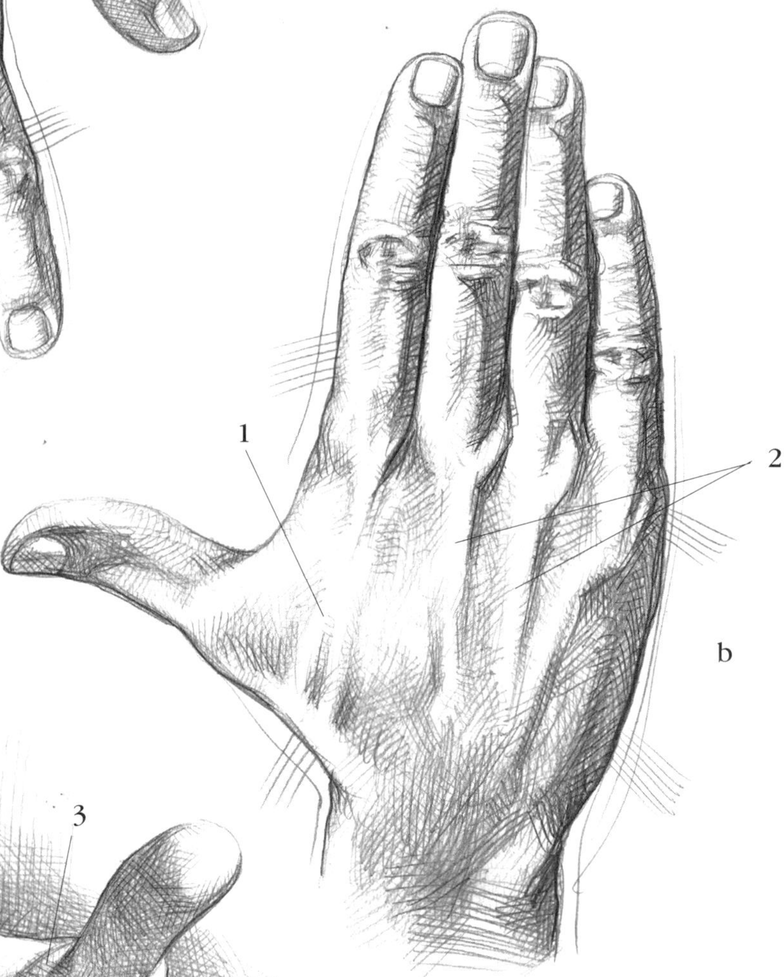

b

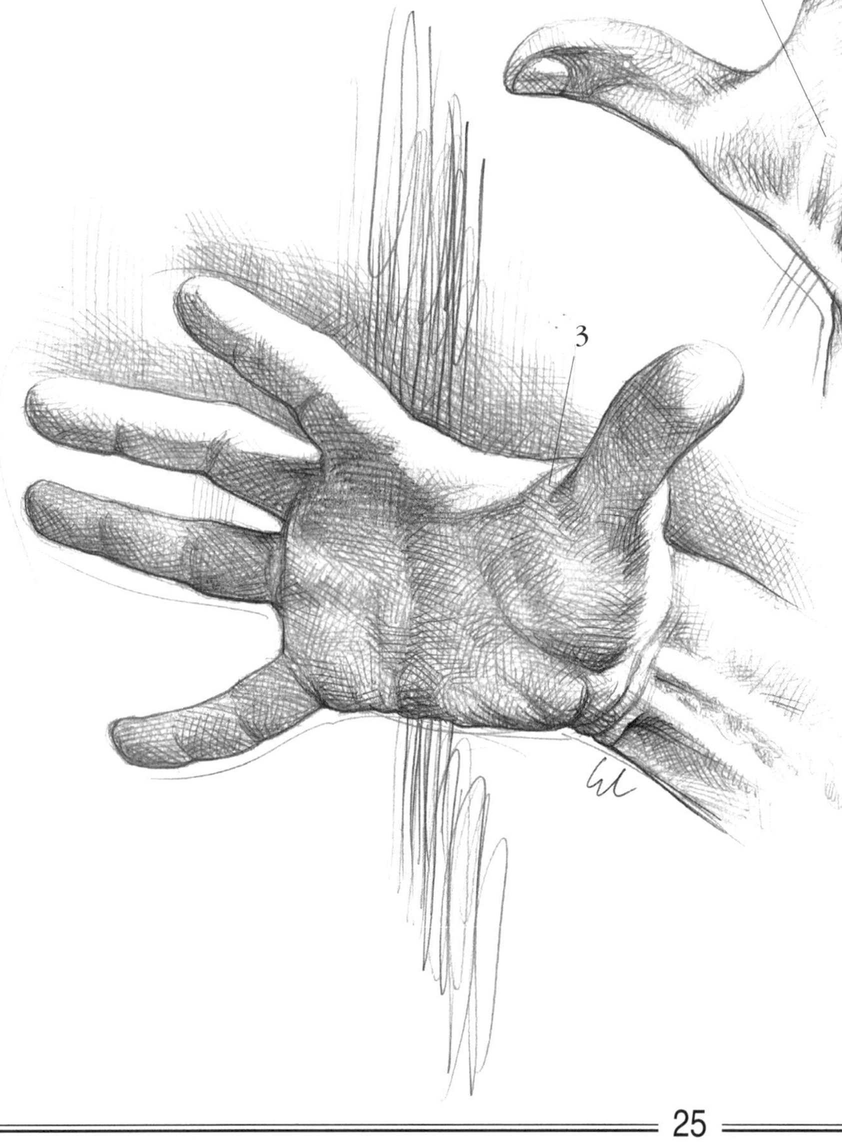

7 Aussehen des Fußes

Das äußere Erscheinungsbild des Fußes spiegelt die Skelettstruktur wieder. Wir unterscheiden den Fußrücken, die Innenseite und die Sohle. Der Fußrücken ist gerundet und konvex und wird nach vorn und nach außen hin flacher. Seine größte Höhe erreicht er in der Nähe des Knöchels. Er wird von den Sehnen der Zehenstrecker und - dicht unter der Haut - von venösem Oberflächengewebe überzogen. Die Innenseite gibt die Wölbung des Mittelfußes wieder und ist im Prinzip dreieckig. Die Fußsohle lässt nur zum Teil die Form der Knochen erkennen, da diese durch eine Schicht Fettgewebe, durch die Fußsohlensehnenplatte und eine dicke Hautschicht verdeckt werden. Mit Ausnahme des großen Zehs sind die Zehen eher kurz und ihre Länge nimmt bis zum kleinen Zeh kontinuierlich ab. Machen Sie sich die Lage und Form der Fußknöchel (der innere ist abgerundet, während der äußere eher spitz ist und tiefer liegt als sein Gegenstück) und der Achillessehne bewusst.

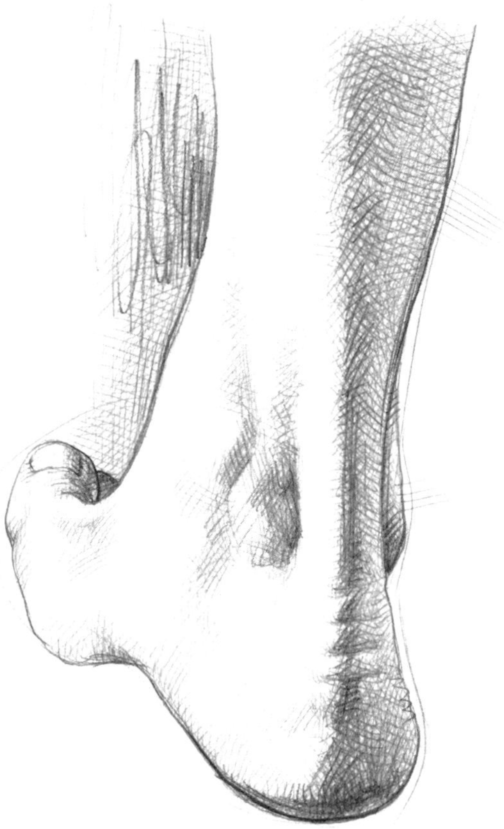

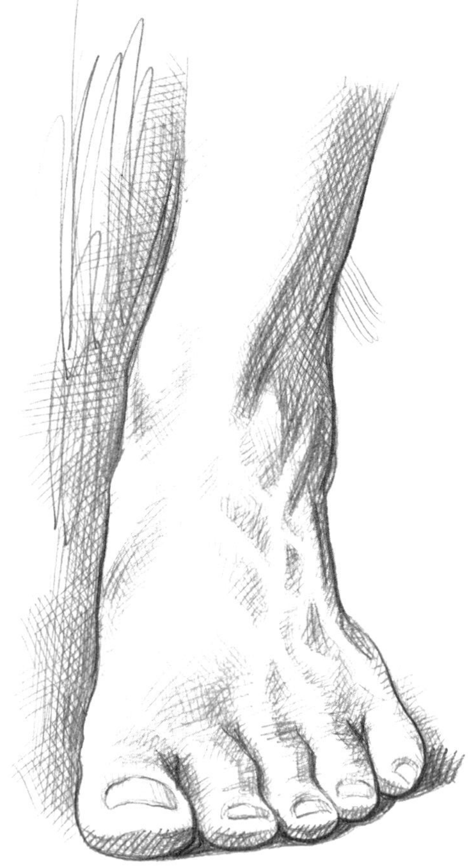

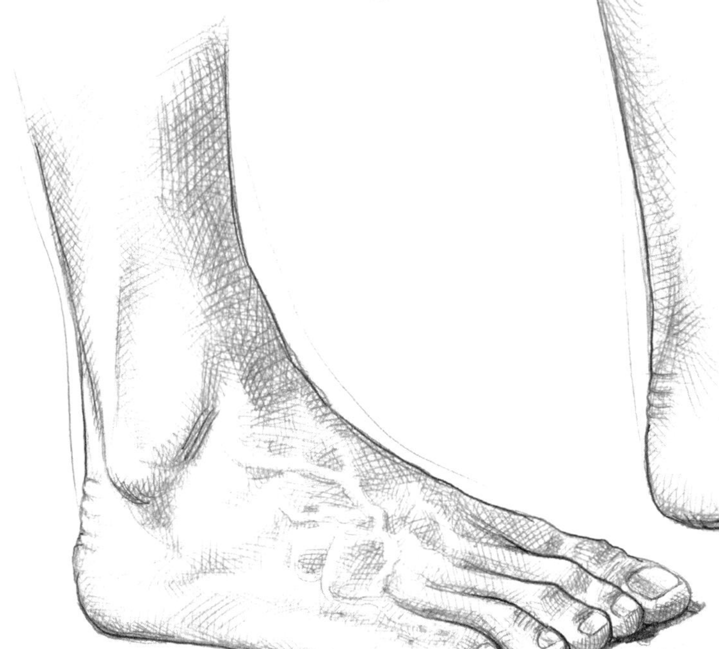

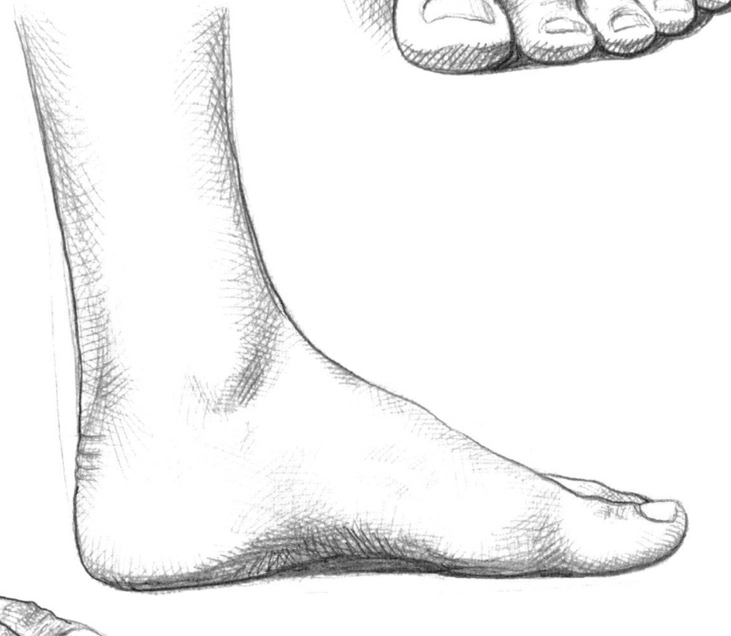

Elemente des männlichen Fußes:
1 - Außenknöchel (vom Wadenbein)
2 - Innenknöchel (vom Schienbein)
3 - Sehnen der Zehenstrecker
4 - Oberflächenvenen
5 - Achillessehne
6 - großer Zeh
7 - Ferse
8 - Fußgewölbe
9 - Sehnen der Wadenbeinmuskeln
10 - Würfelbein

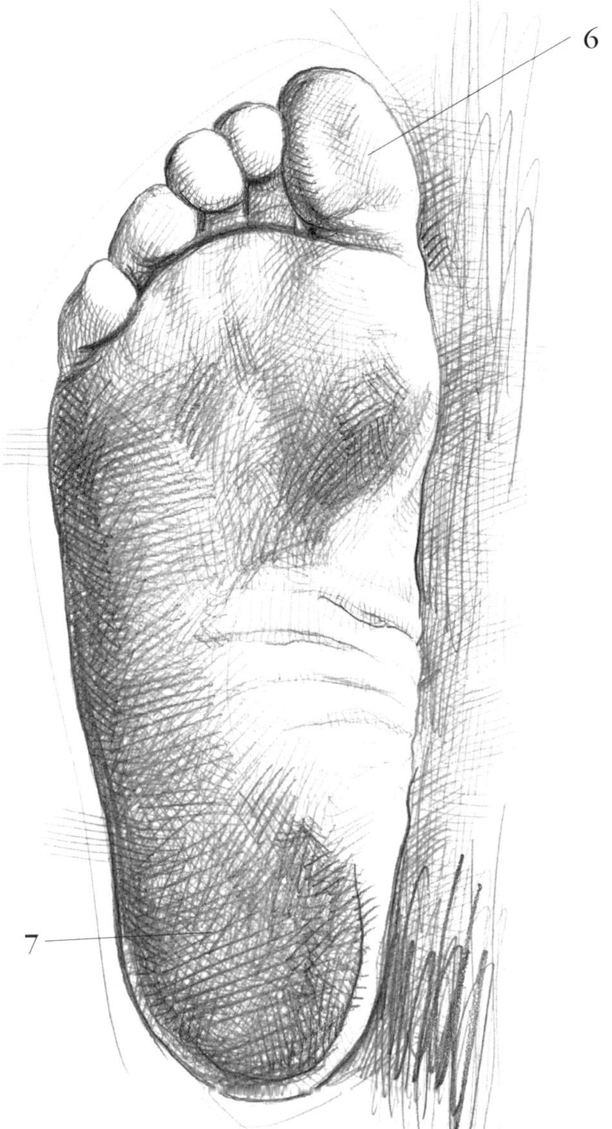

Rechter Fuß:
Sohle

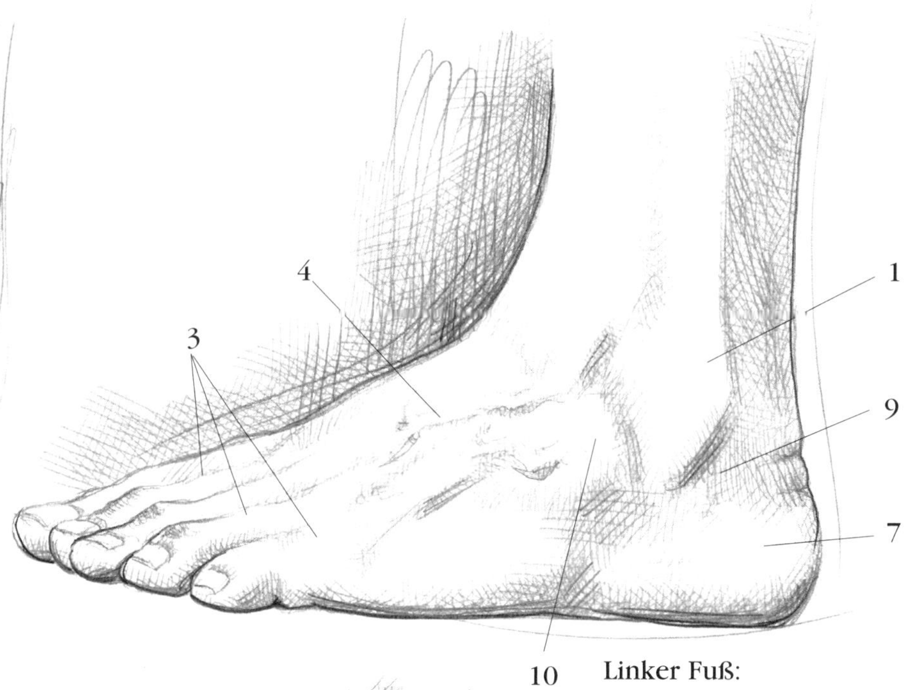

Linker Fuß:
Außenseite

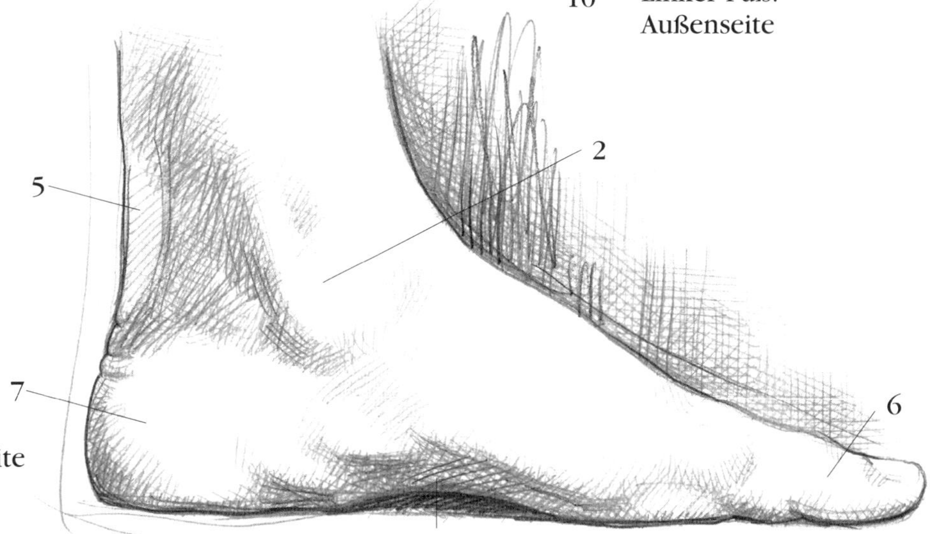

Linker Fuß: Innenseite

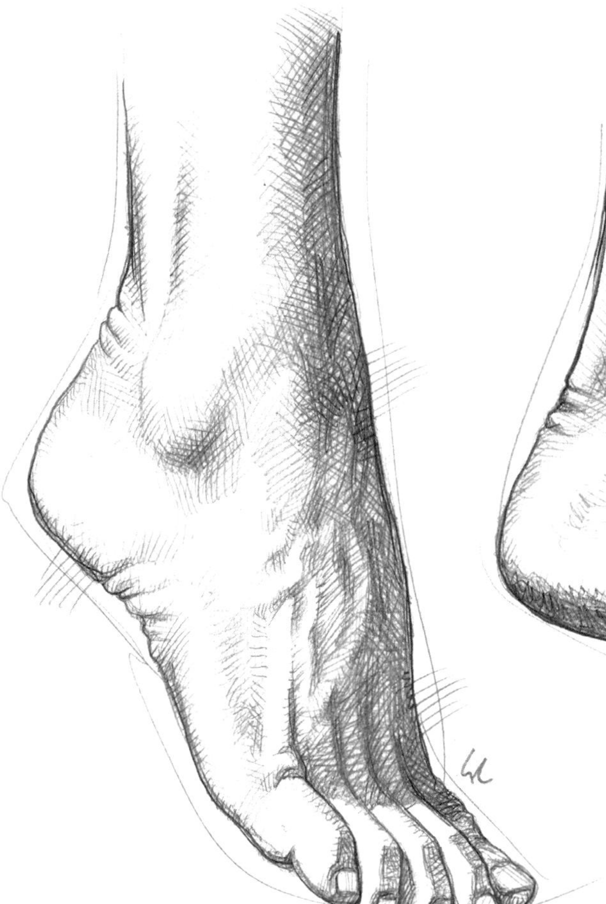

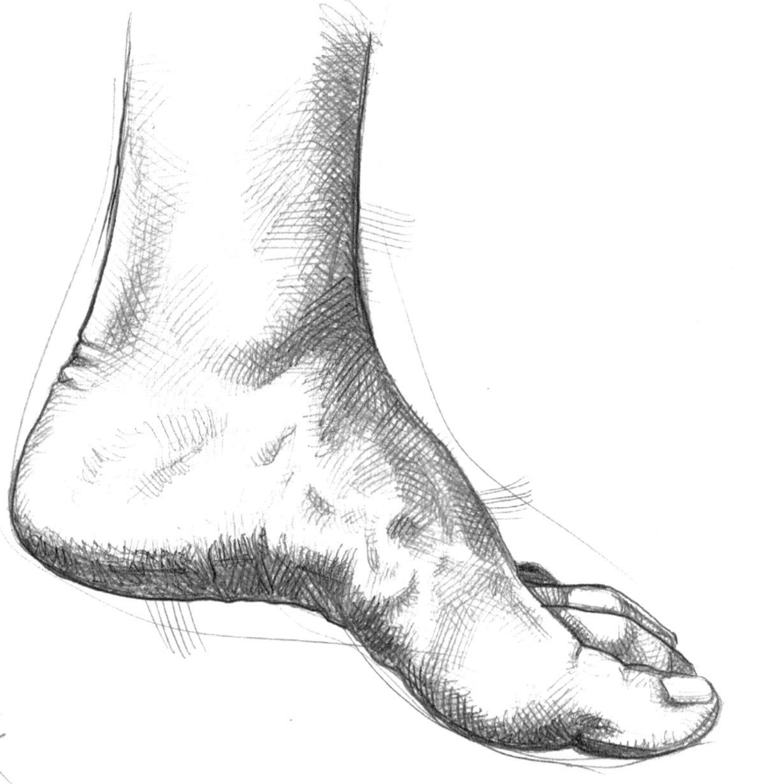

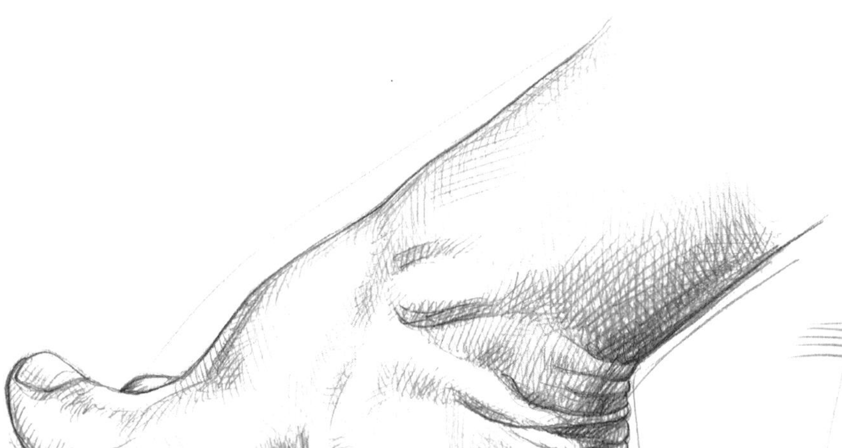

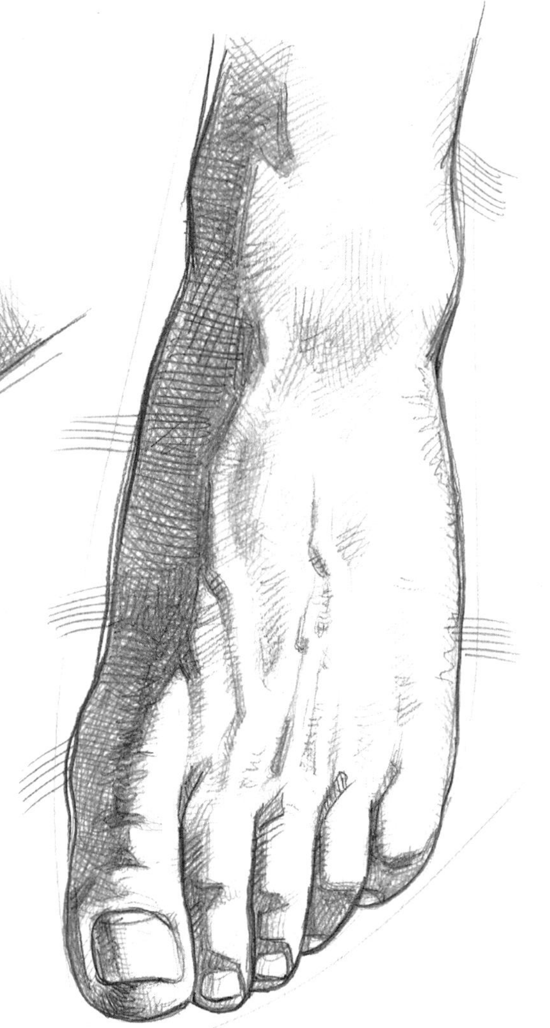

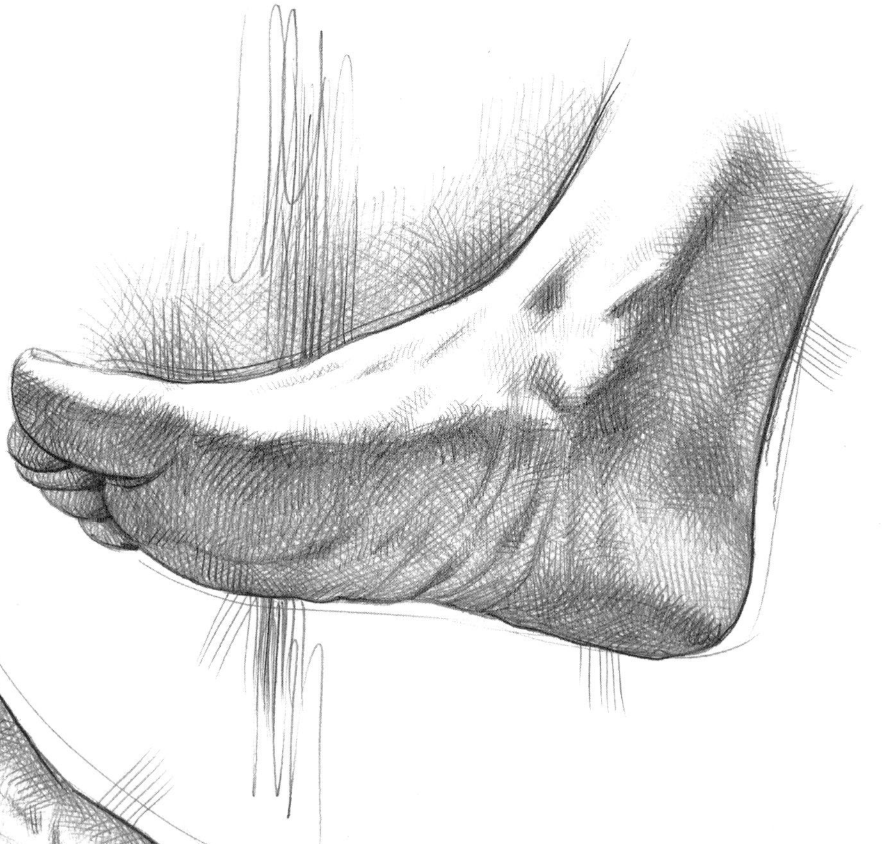

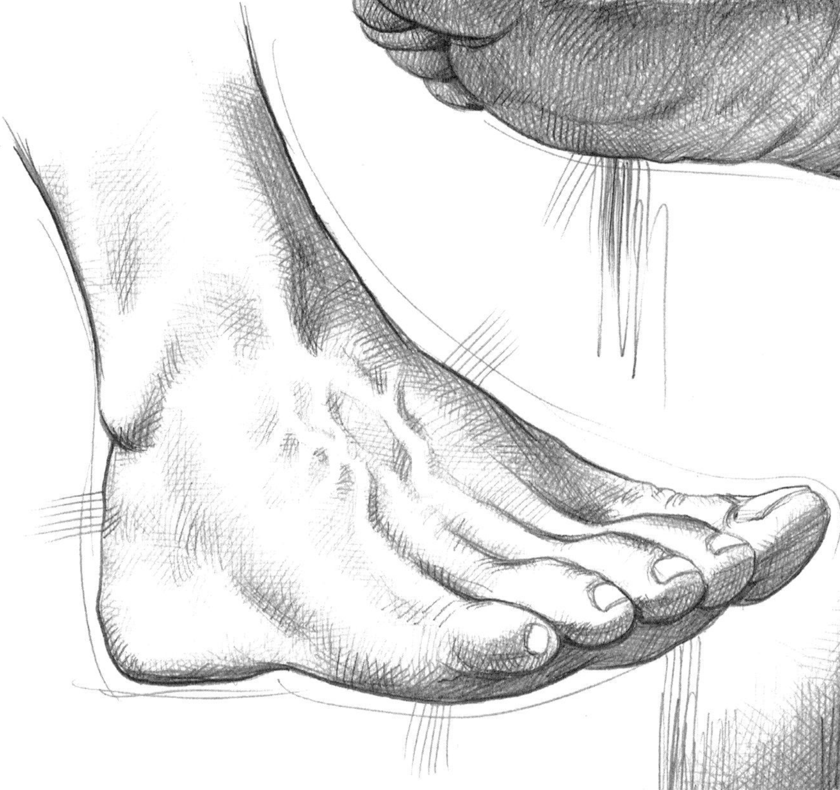

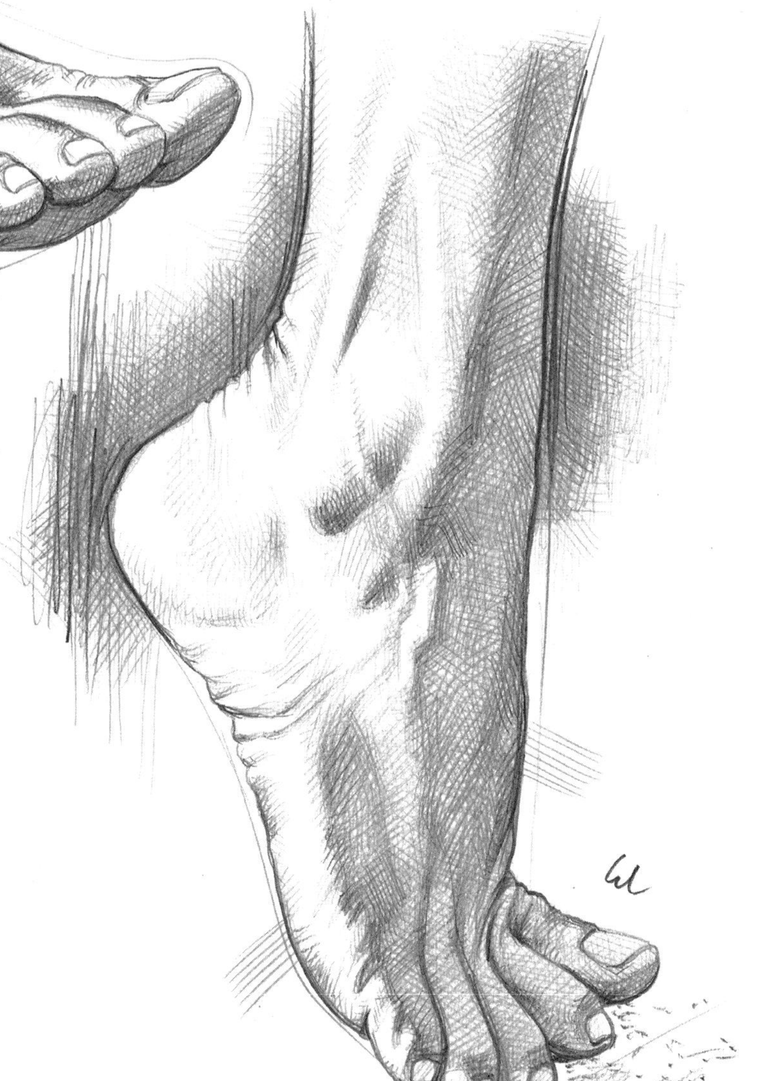

8 Proportionen

Die Schemazeichnungen auf diesen beiden Seiten zeigen einige typische Proportionen innerhalb der Hand und des Fußes, die Größenverhältnisse zwischen Hand und Fuß und schließlich die Proportionen zwischen Hand, Fuß und Kopf. Gezeichnet sind die männlichen Körperteile, aber die Beziehungen gelten genauso bei Frauen, wobei Hände und Füße von Frauen meist kleiner sind als von Männern, dies jedoch proportional zu ihrer geringeren Körpergröße. Studieren Sie diese Beziehungen, überprüfen Sie sie an Ihrem eigenen Körper oder an Modellen, fertigen Sie dazu viele rasche Skizzen an und machen Sie sich die individuellen Unterschiede bei Erwachsenen bewusst. Entdecken Sie weitere proportionale Beziehungen, die Ihnen helfen, Hände und Füße in jeder beliebigen Stellung anatomisch korrekt wiederzugeben.

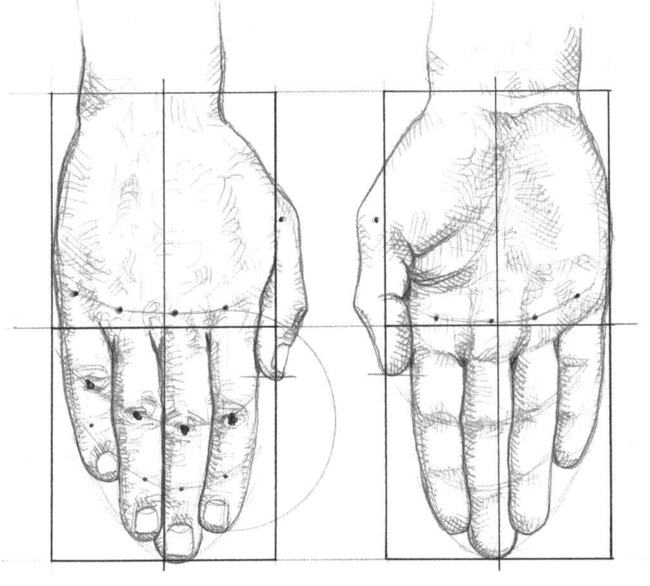

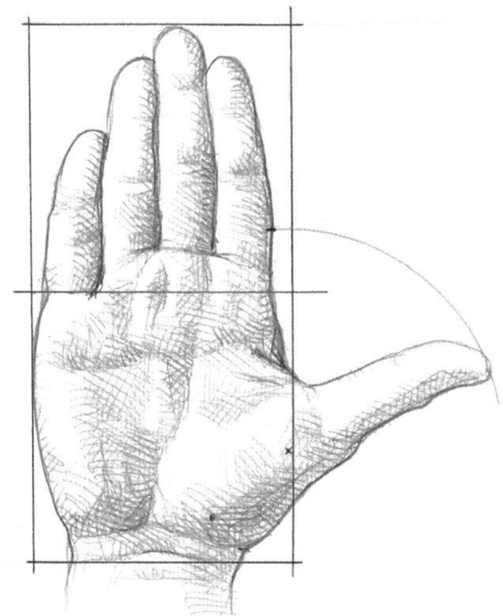

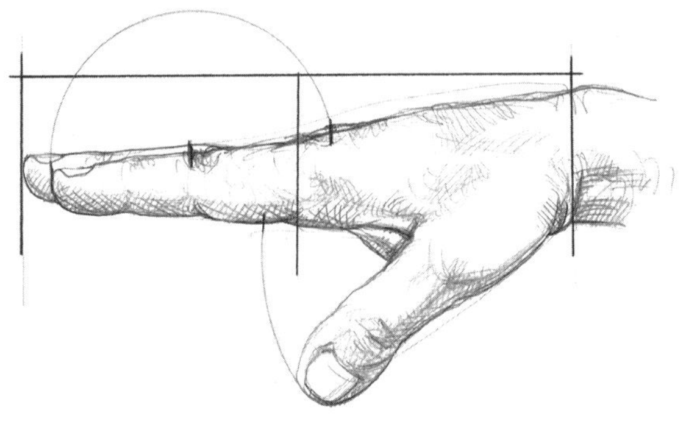

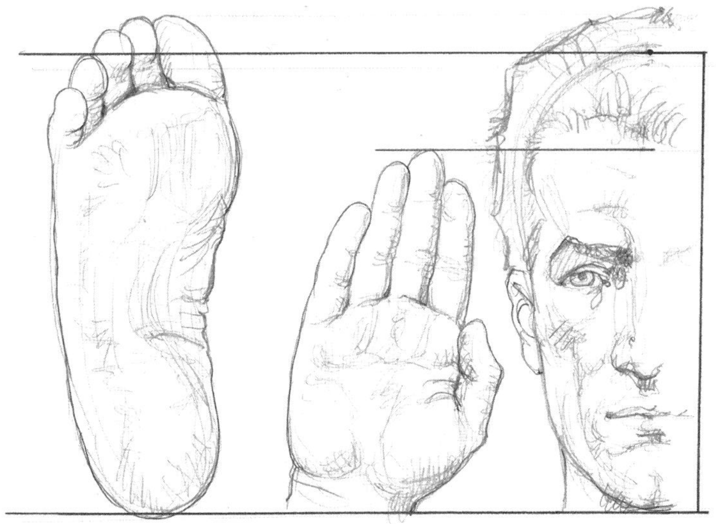

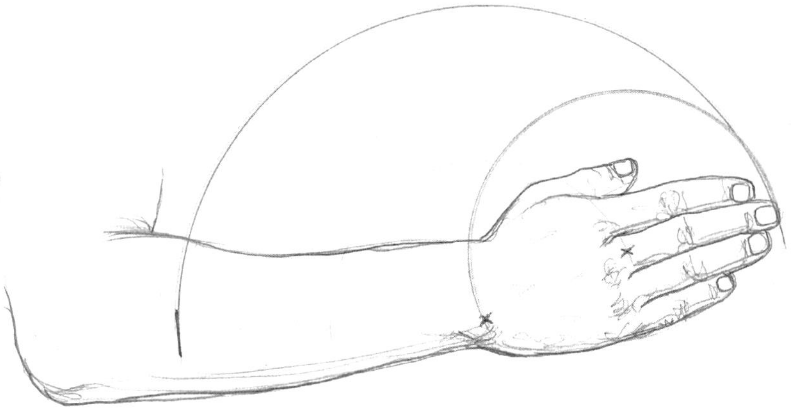

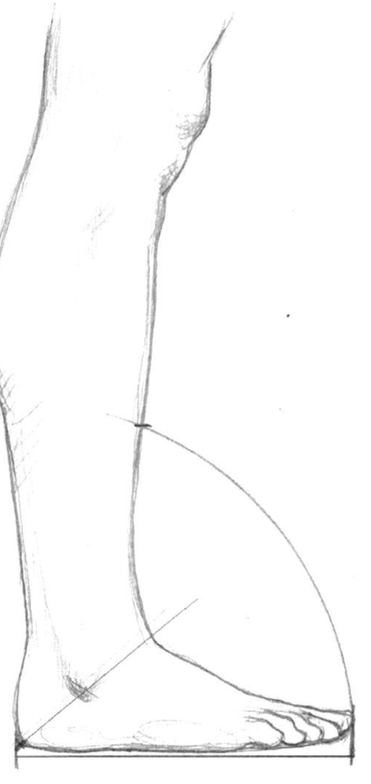

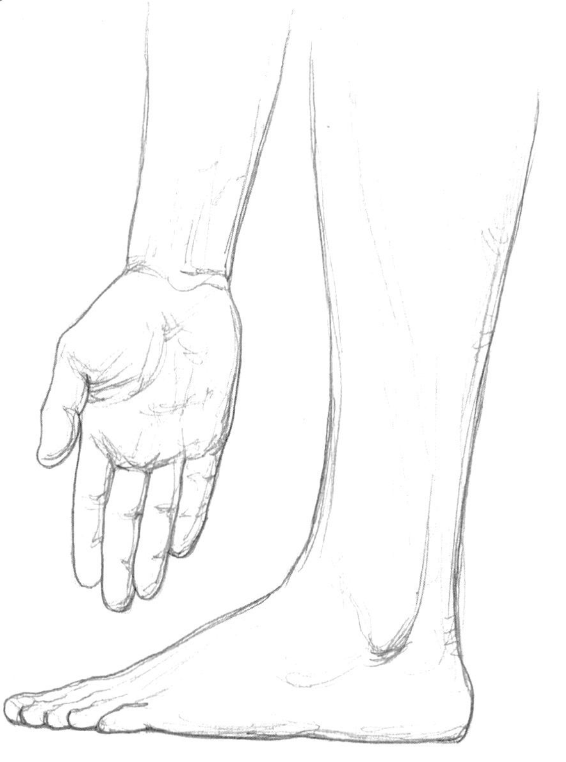

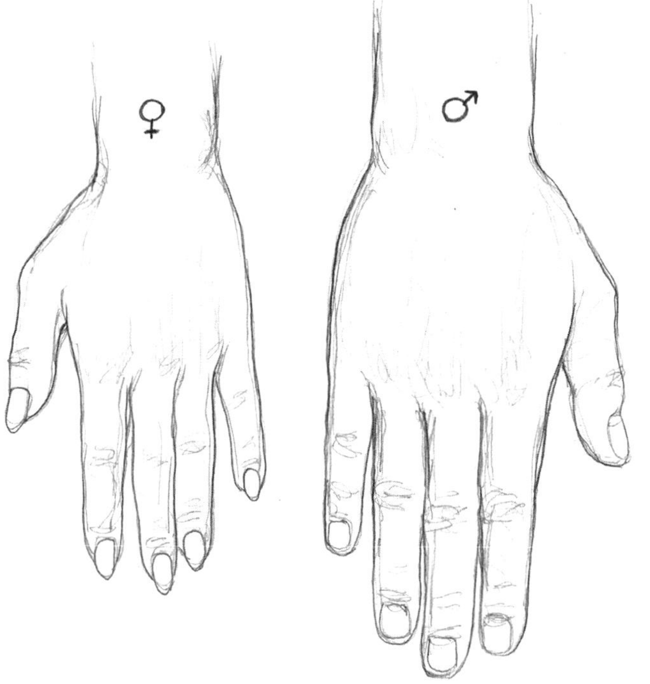

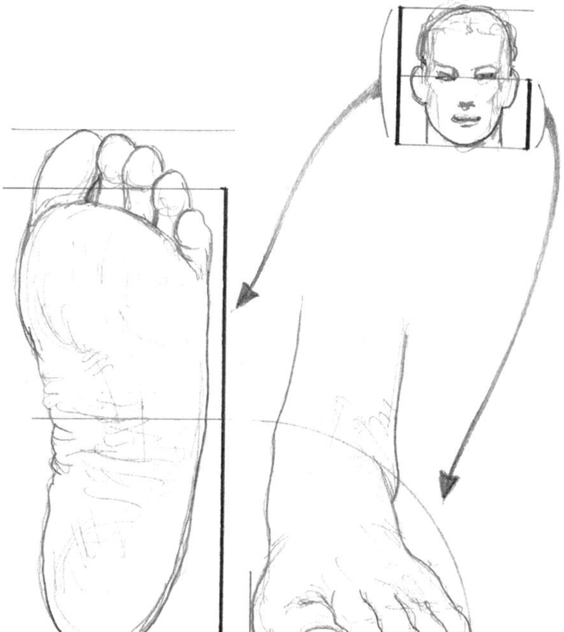

9 Vorgehensweisen

In der Kunst sollte wie in der Wissenschaft die Synthese vor der Analyse erfolgen.

Sie können Hände und Füße (wie überhaupt menschliche Körper) auf unterschiedliche Art und Weise zeichnen: von linear (ausgehend von den Umrissen der Formen) über koloristisch (ausgehend von den Licht-Schatten-Verhältnissen der Teile) bis zu strukturell (ausgehend von den tragenden und wichtigsten Teilen). Jede dieser Zugangsweisen hat Vorteile und Grenzen. Die Entscheidung hängt einerseits von der psychologischen Haltung oder bevorzugten Ausdrucksweise des Künstlers, vor allem aber von der zu zeichnenden Form ab, die eine bestimmte Zugangsweise geradezu verlangen kann. Beschränken Sie sich nicht auf eine einzige Art zu zeichnen, nur weil sie Ihnen besonders einfach erscheint, sondern experimentieren Sie frei mit den anderen, sei es als Alternative, sei es als Ergänzung. Statt sich ein schematisches Vorgehen anzugewöhnen, versuchen Sie lieber, alle zu beherrschen, und spielen Sie sich dann mit den Möglichkeiten, die den Umständen und Ihrem persönlichen Stil im Einzelfall am besten gerecht werden.

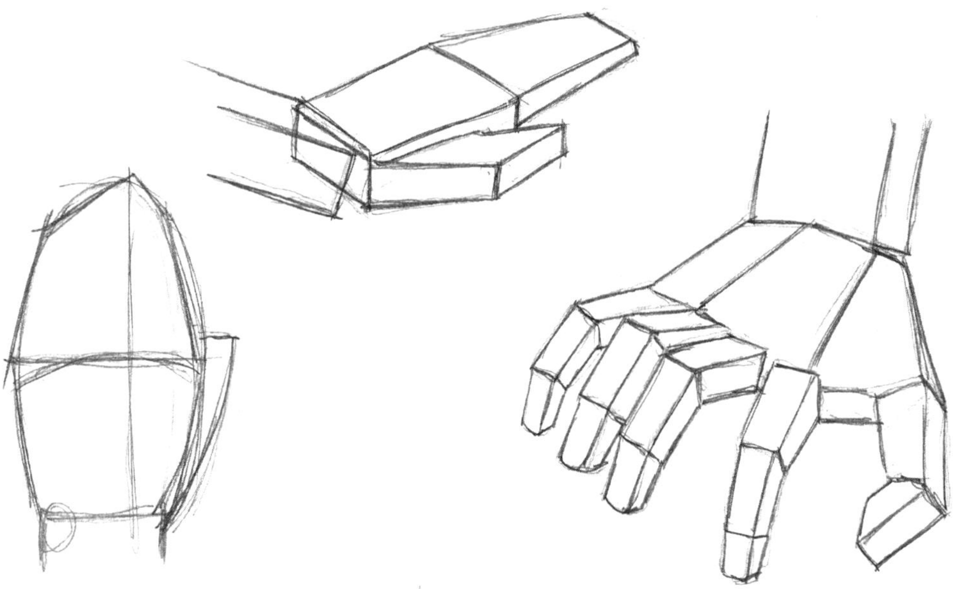

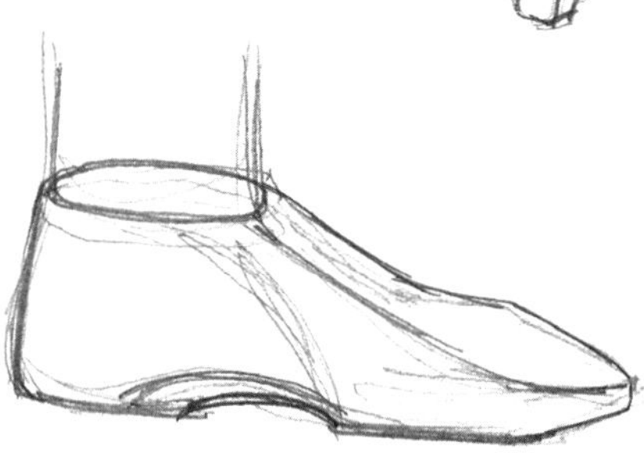

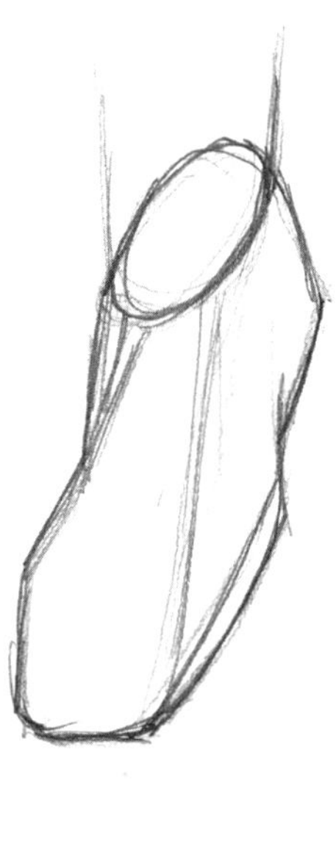

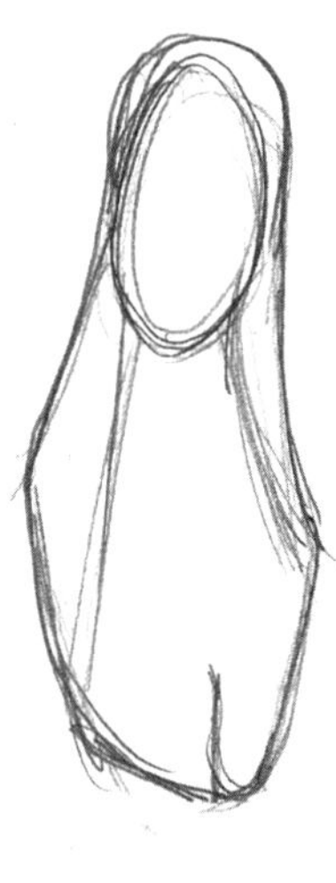

Die geometrische Vereinfachung der natürlichen Formen (siehe Kapitel 3) kann helfen, die komplexen Formen einer Hand oder eines Fußes in den Griff zu bekommen, da sie die wichtigsten Eigenschaften des Aufbaus und der Haltung rasch zeigt und die Aussage der Geste rasch zugänglich macht.
Sind diese Eigenschaften einmal erfasst, sollten Sie nicht zu sehr an der „Geometrisierung“ festhalten, da die menschliche Form sonst zu scharfkantig, mechanisch, künstlich wirkt.

Zu Seite 33

Die komplexe Struktur der Hand verlangt, dass Sie mit ihrem Aufbau vertraut sind, dass Sie genau beobachten und sorgfältig ein grafisches oder plastisches Ganzes erzeugen. Eine in pädagogischer Hinsicht sinnvolle Abfolge von Schritten finden Sie auf dieser Seite:

1 - Festlegung des Raumes, den die Hand auf dem Blatt einnimmt. Sie können dazu Grauwerte (1a) oder eine grobe Zeichnung der Umrisslinien (1b) einsetzen.
2 - Angabe der Proportionen, Zerlegung in geometrische Elemente
3 - Zeichnen der Profile
4 - Herausarbeiten der Volumen, der Grauwerte und der formalen Besonderheiten

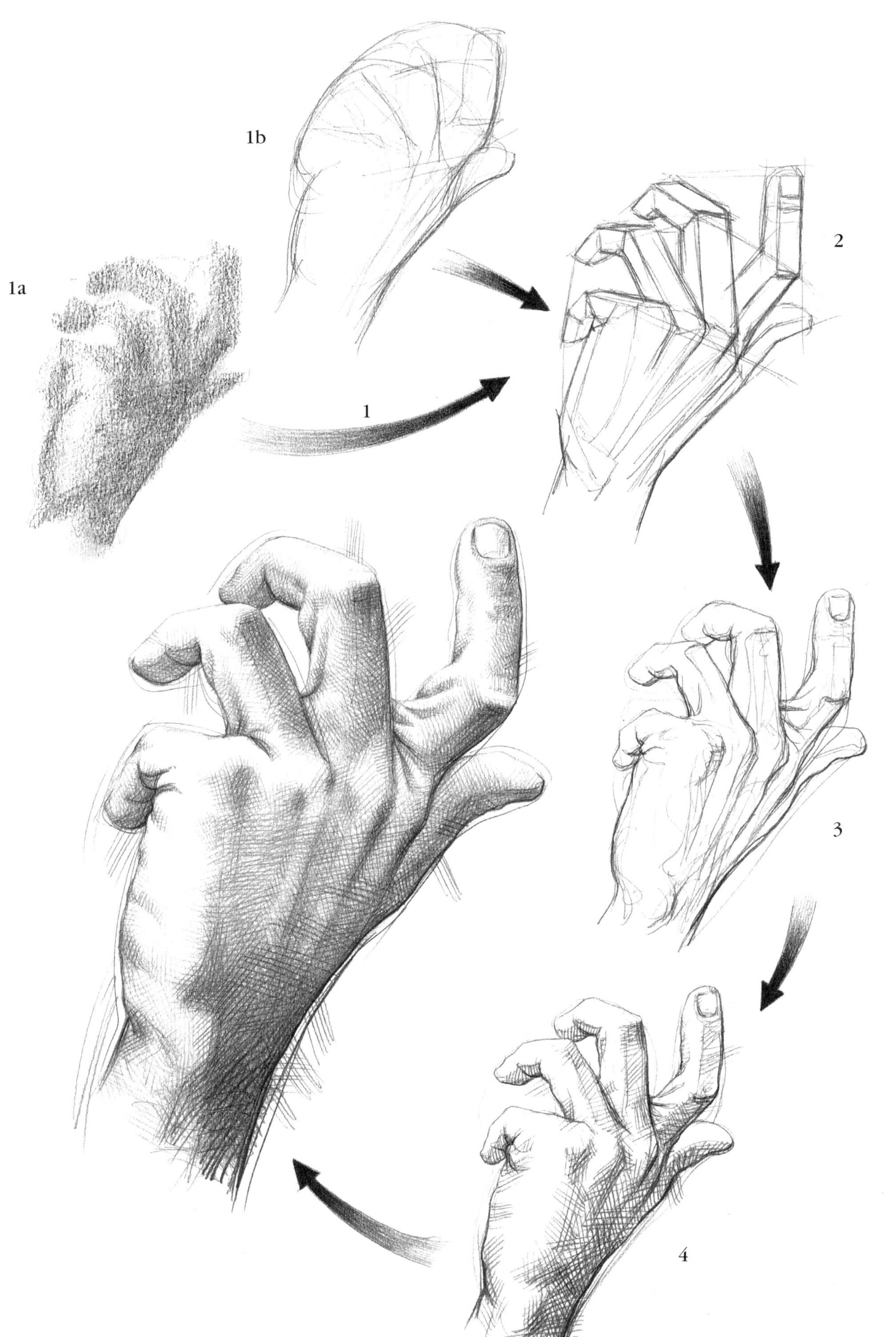
1b
1a
2
1
3
4

10 Bewegungen der Hand und des Fußes

Um Hand und Fuß anatomisch korrekt zu zeichnen, müssen Sie die typischen möglichen Haltungen und Bewegungen kennen, die sie ausüben können und wie weit diese rein mechanisch gehen. Beim Fuß sind sie kleinteilig, mit den Erfordernissen des Gehens und dem aufrechten Gang verbunden, aber nicht besonders ausgefallen und vielfältig und ihre Interpretation bringt für den Künstler kaum Probleme mit sich. Die Hand dagegen ist viel beweglicher und aktiver in der Gestik und in ihren Funktionen. Viele ihrer Bewegungen erfordern die Beugung und Streckung der Knochen und die Summe der einzelnen Bewegungen verstärkt deren Gesamtausmaß und gestattet dabei sehr genaue und komplexe Bewegungen besonders des Daumens. Die Bewegungen der Hand werden von den Muskeln der Hand selbst, aber auch des Unterarms gesteuert, deren Sehnen bis in die Finger hineinragen und so die Finger strecken oder beugen. In Höhe des Handgelenks gestattet das Zusammenspiel zwischen Elle, Speiche und Mittelhandknochen außer der Beugung und der Streckung der Hand auch die Drehung um die Längsachse nach innen und außen.

Natürliches (a) und extremes (b) Spreizen der Finger

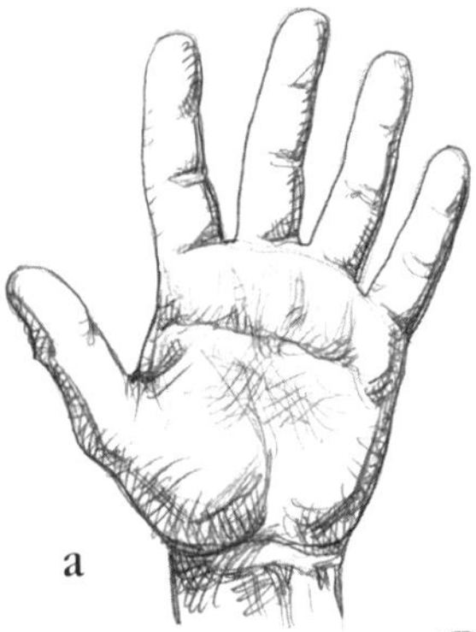

a

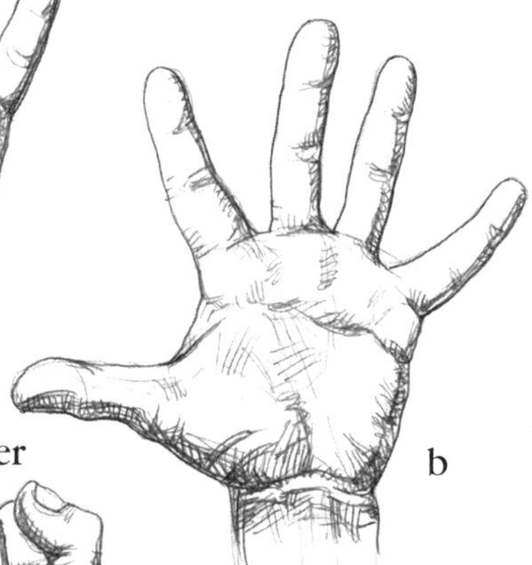

b

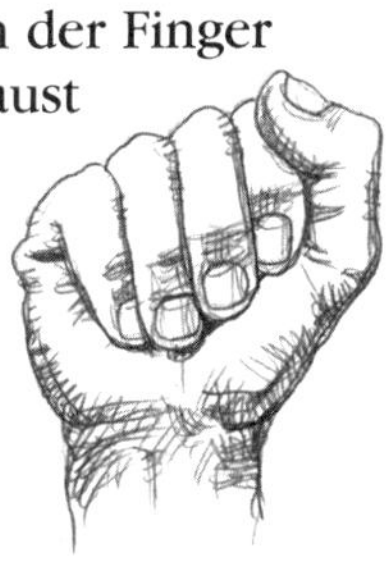

Ballen der Finger zur Faust

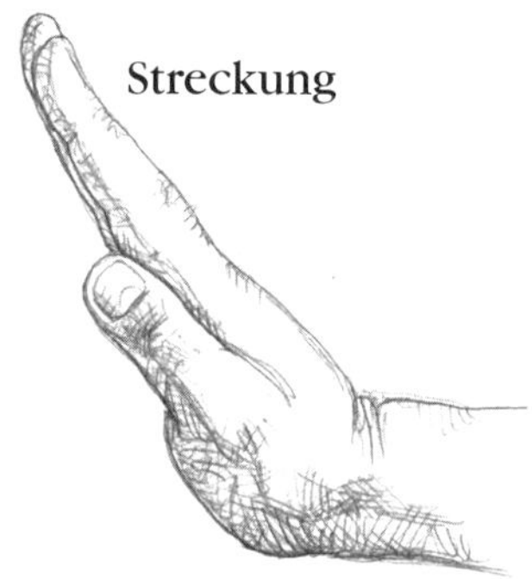

Streckung

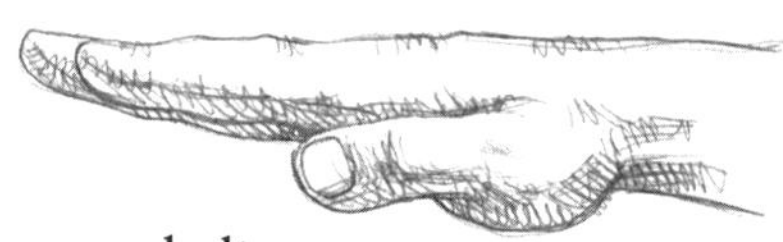

Ausgangshaltung

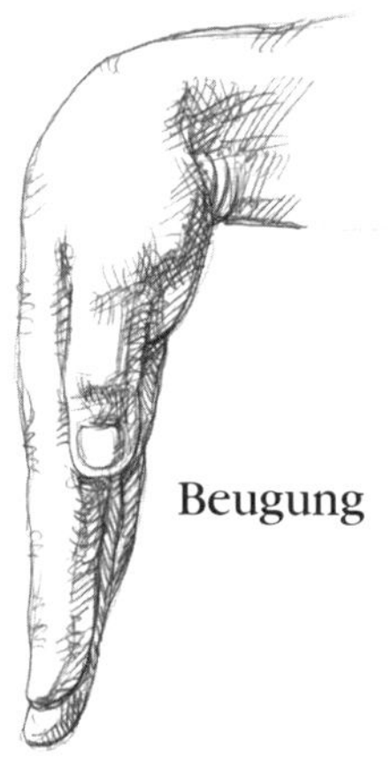

Beugung

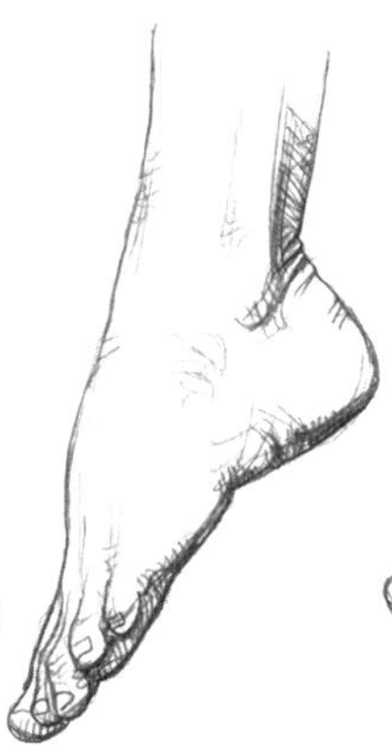

Streckung (Beugung der Sohle)

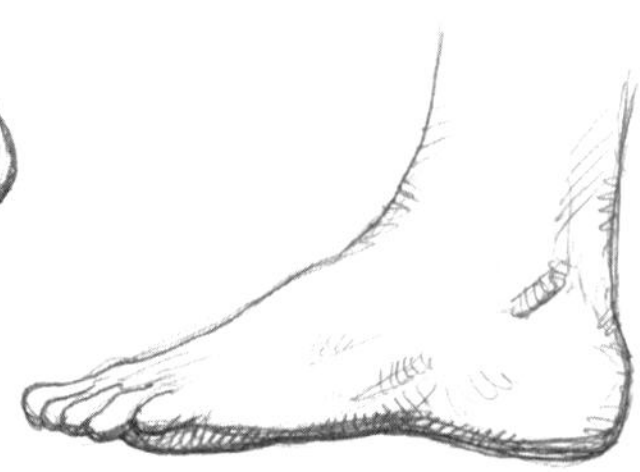

Ruheposition

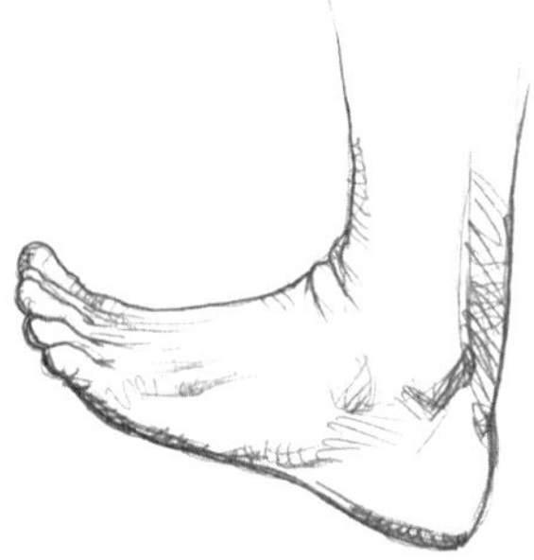

Beugung des Fußrückens

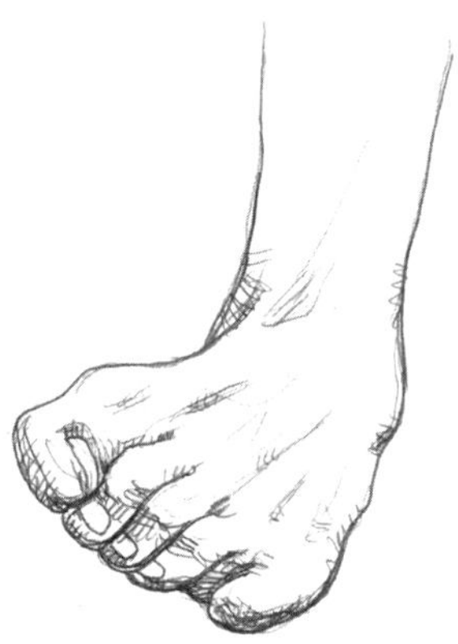

Einwärtsdrehung

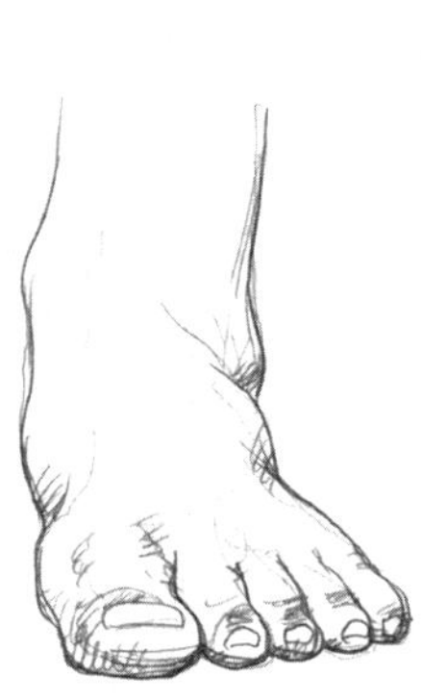

Ruheposition

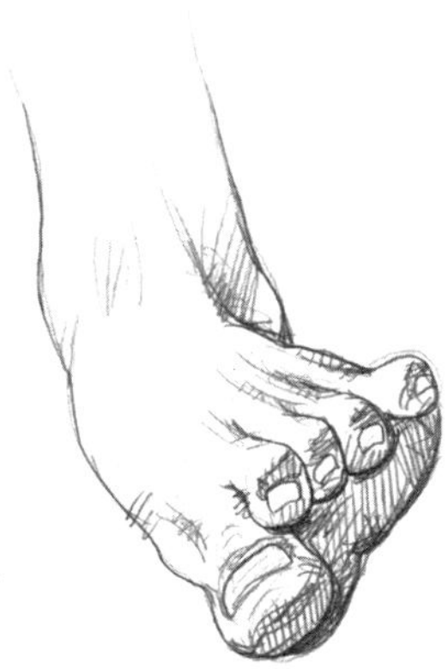

Auswärtsdrehung

Adduktion und Spreizung des Daumens
(1-5)

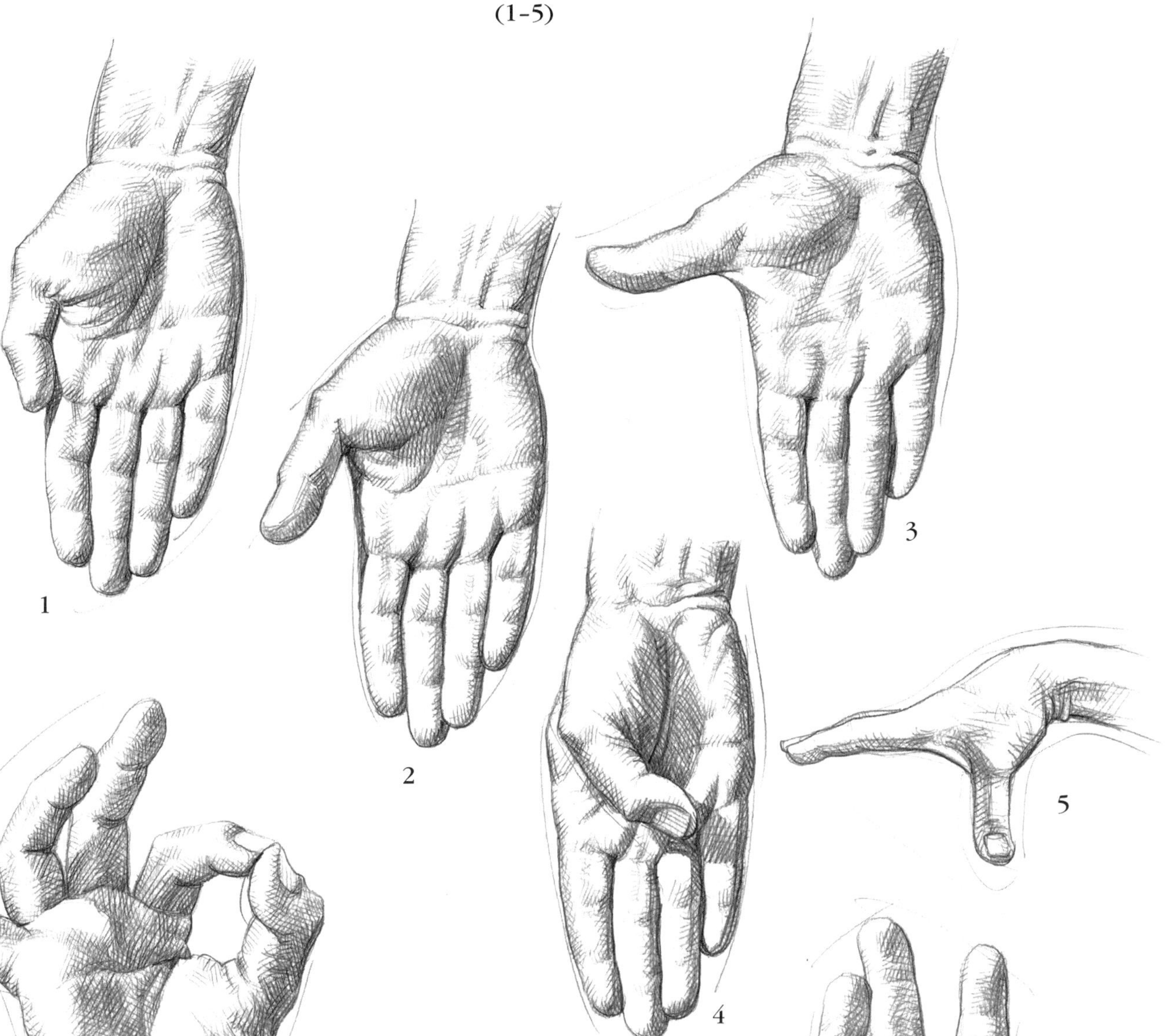

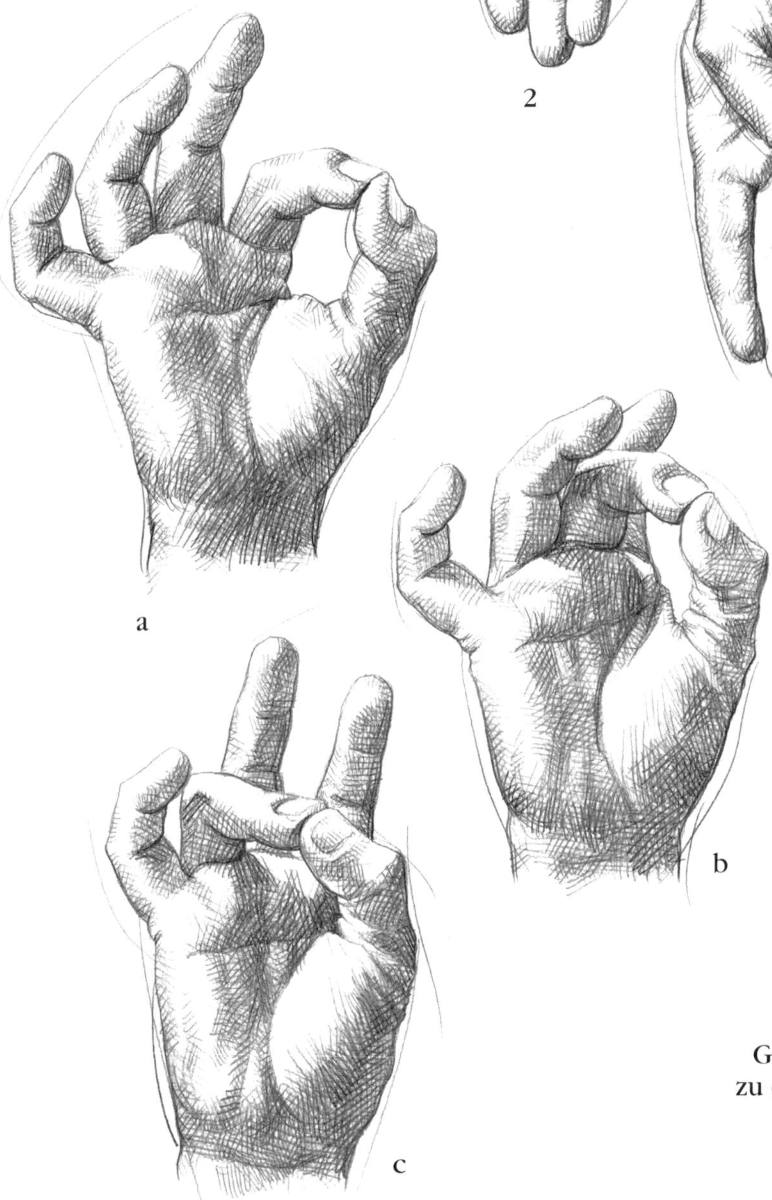

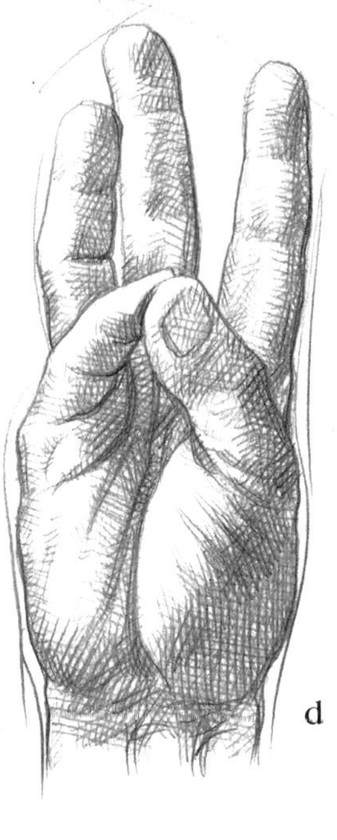

Gegenstellung des Daumens
zu den einzelnen Fingern (a-d)

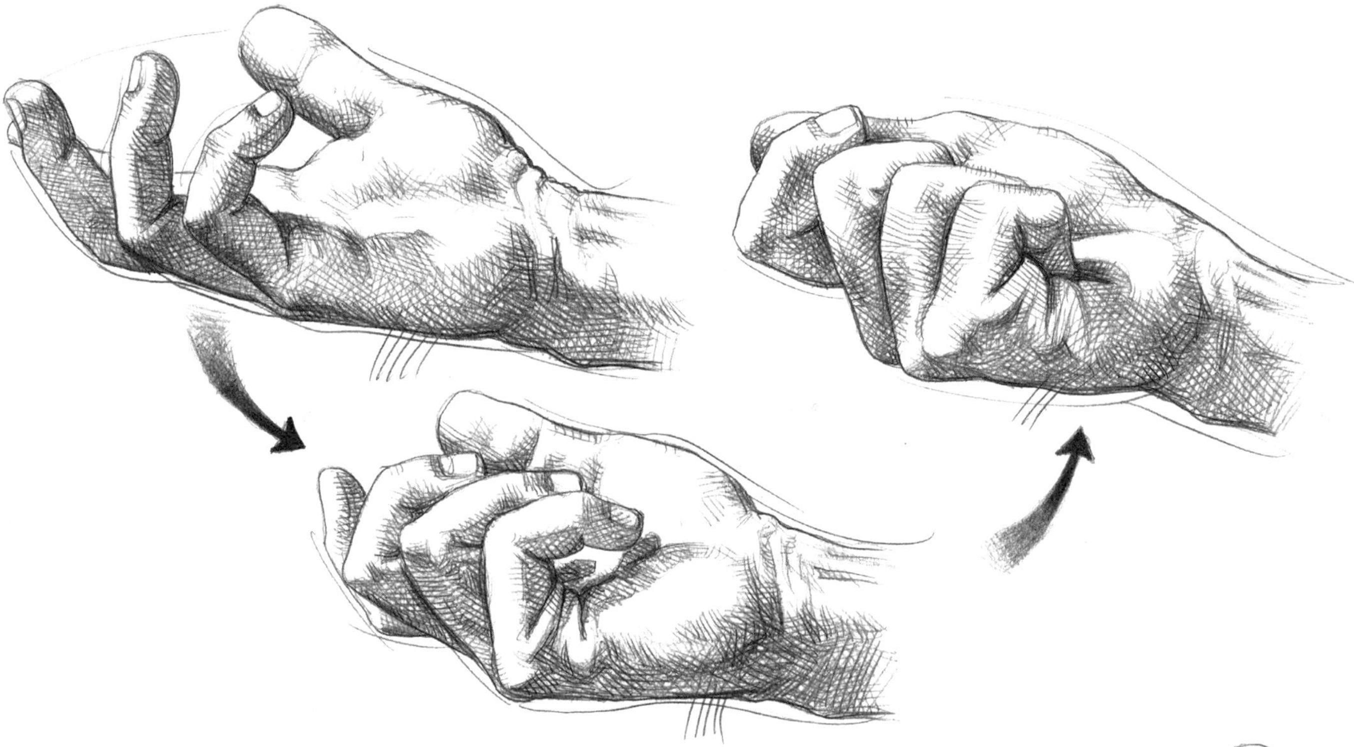

Schrittweises Schließen der Hand

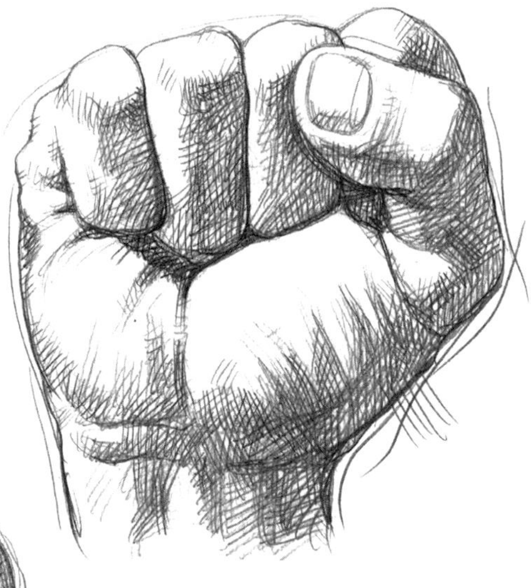

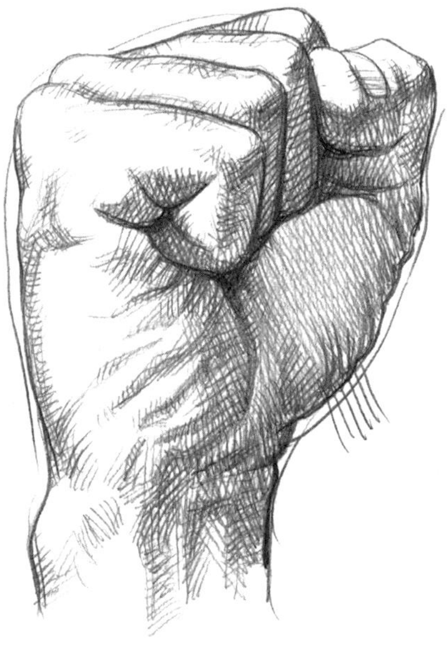

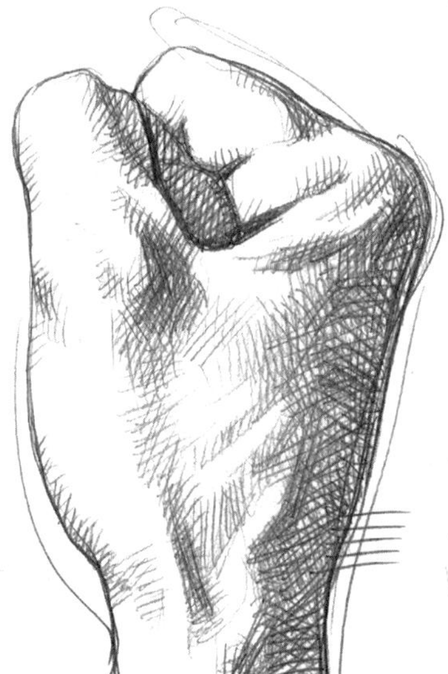

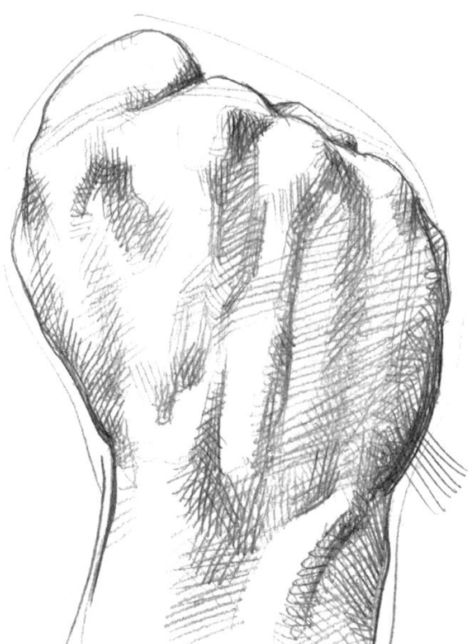

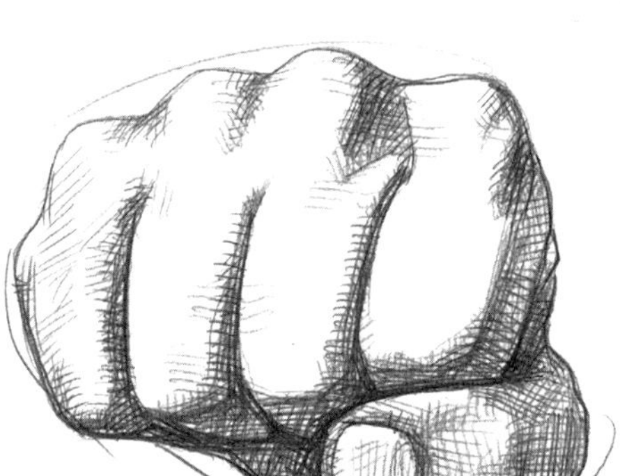

Ansichten der rechten männlichen, zur Faust geballten Hand

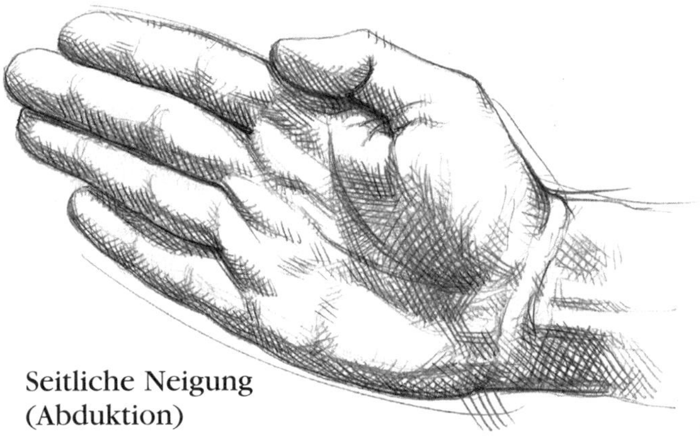

Seitliche Neigung
(Abduktion)

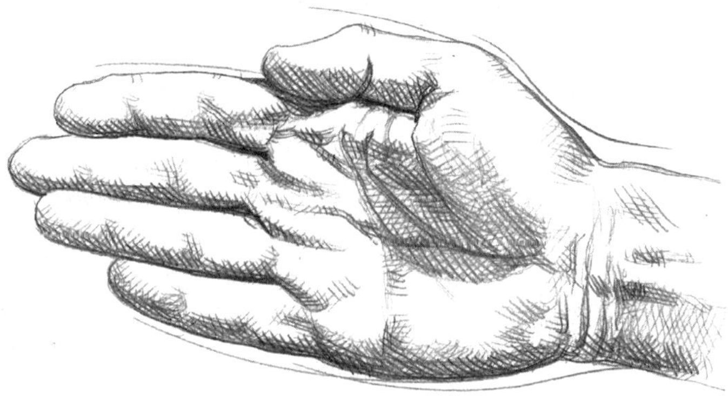

Ruhestellung

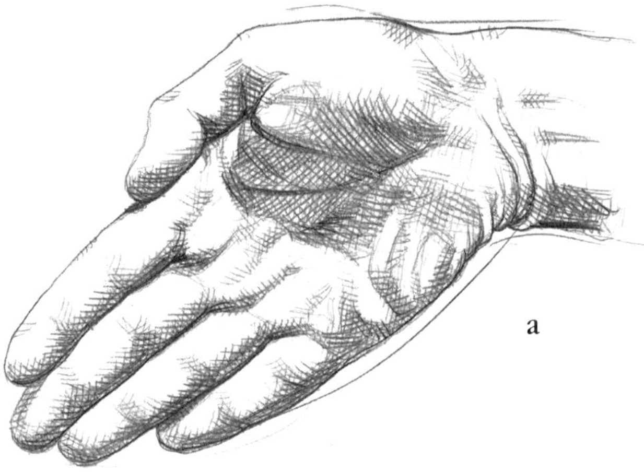

a

Neigung nach innen (Adduktion)

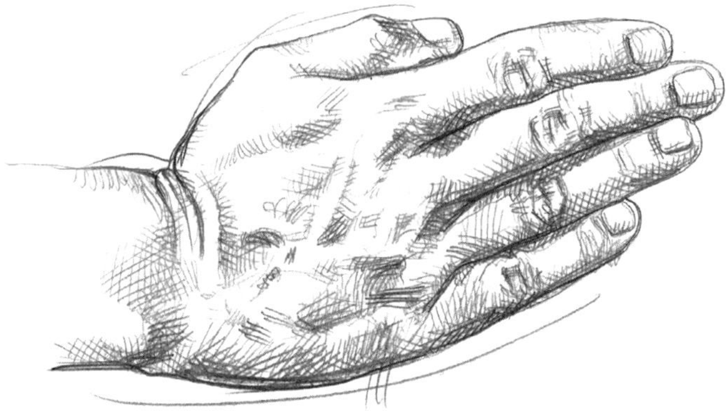

Seitliche Neigung (Abduktion)

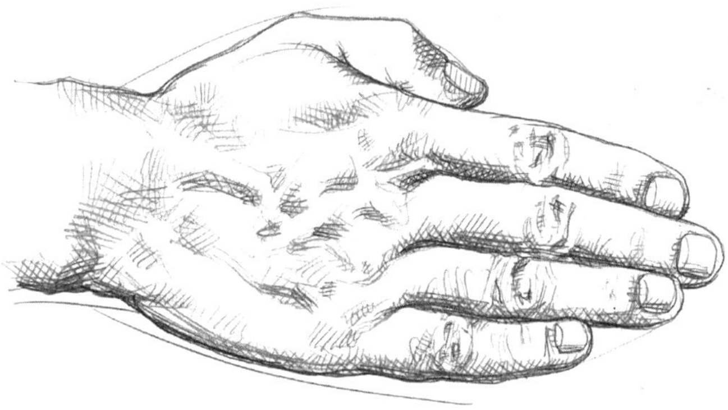

Ruhestellung

b

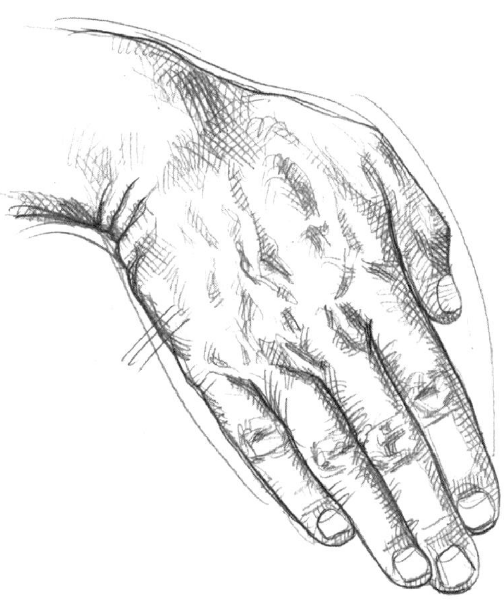

Neigung
nach innen
(Adduktion)

Bewegungen der rechten Hand aus dem Handgelenk:
a - Handteller
b - Handrücken

11 Handlungen und Gesten

Gesten sind Bewegungen des Körpers, die eine Aussage oder eine Nachricht begleiten. Manchmal ist diese stumm (Körpersprache), meist begleitet, betont, vervollständigt oder bereichert sie das, was die Worte sagen. Das Studium der Bedeutung von Gesten, die vielfach universal, oft auch an lokale Traditionen gebunden sind, ist Thema der Psychologie und der Ethnologie. Für den Künstler eröffnet sich hier ein unerschöpfliches Betätigungsfeld. Doch mehr noch wird seine Aufmerksamkeit den Handlungen gelten, die die Hand (und in geringerem Maße auch der Fuß) durchführt, den Haltungen, die sie bei einer bestimmten Aktion einnimmt. Nimmt man die Vielfalt der Handlungen, die Bandbreite des Aussehens der Hände selbst, die unterschiedlichen Bedingungen, unter denen sie beobachtet werden kann (wie Beleuchtung, Blickwinkel etc.), zusammen, bildet die menschliche Hand eine fast unerschöpfliche Inspirationsquelle. Um sich nicht zu verlieren, rate ich Ihnen, mit dem Studium Ihrer eigenen Hand zu beginnen (oder mit der eines einzigen Modells), zunächst bei einfachen Alltagshandlungen wie jenen auf dieser Seite (abgesehen einmal von jener, die mit einem Revolver zu tun hat).

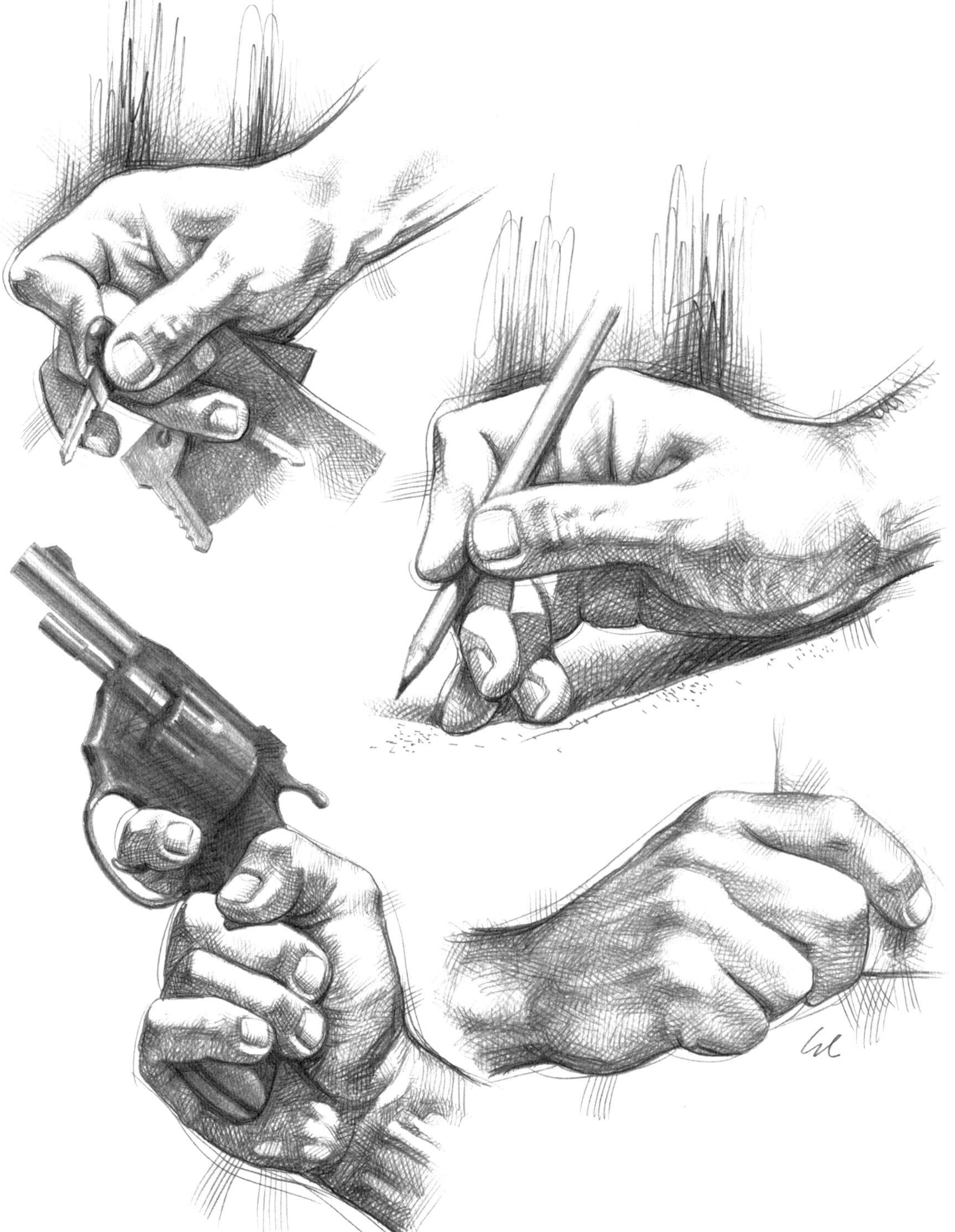

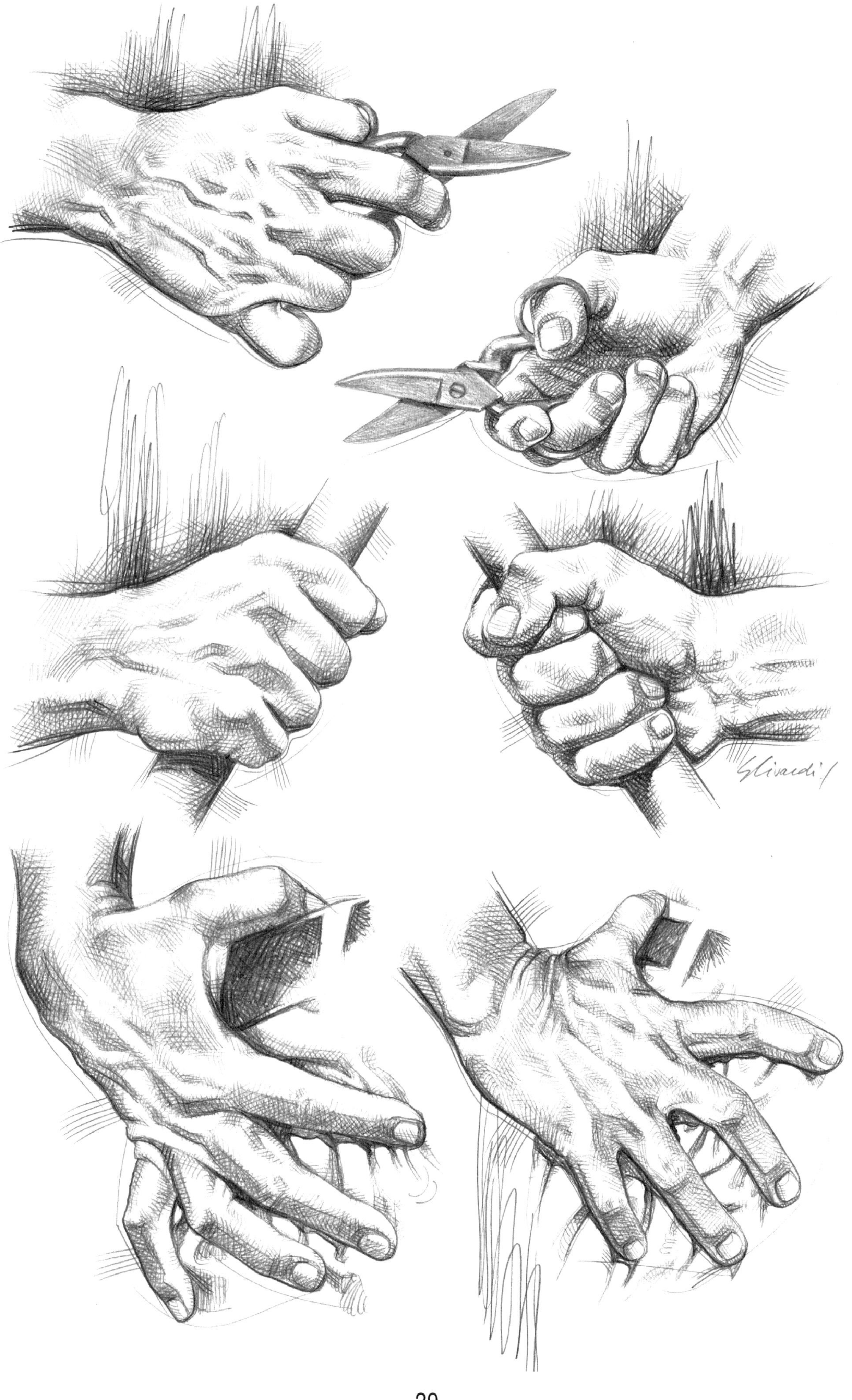

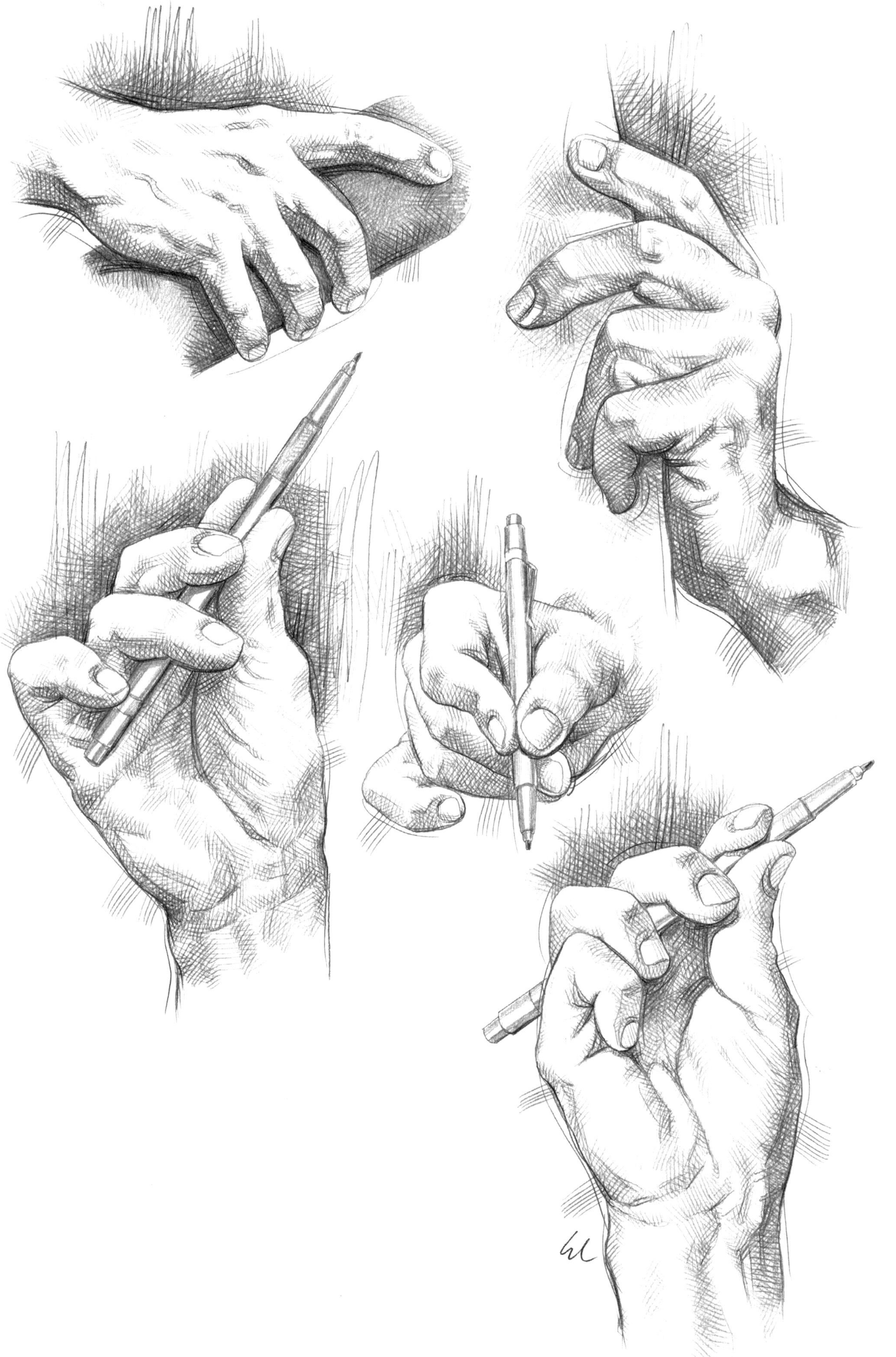

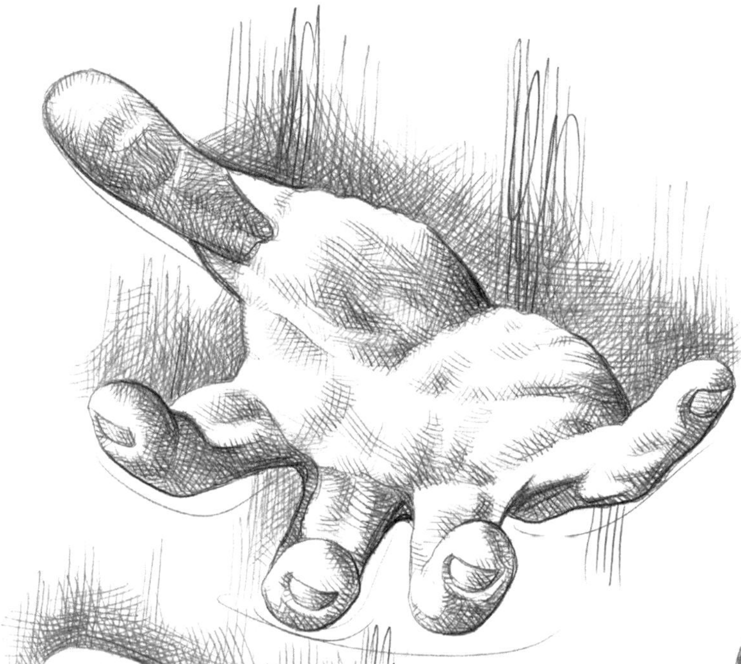

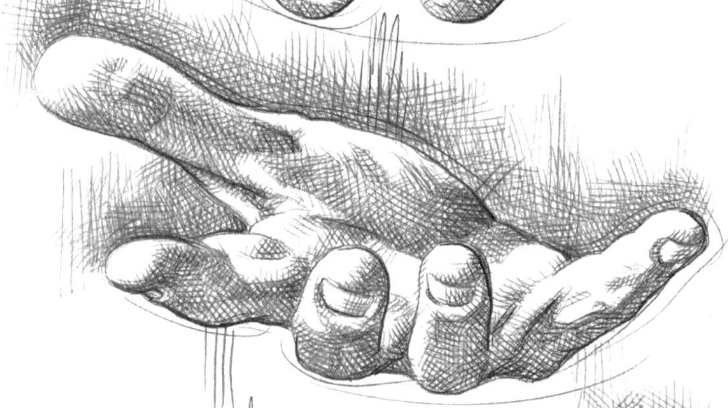

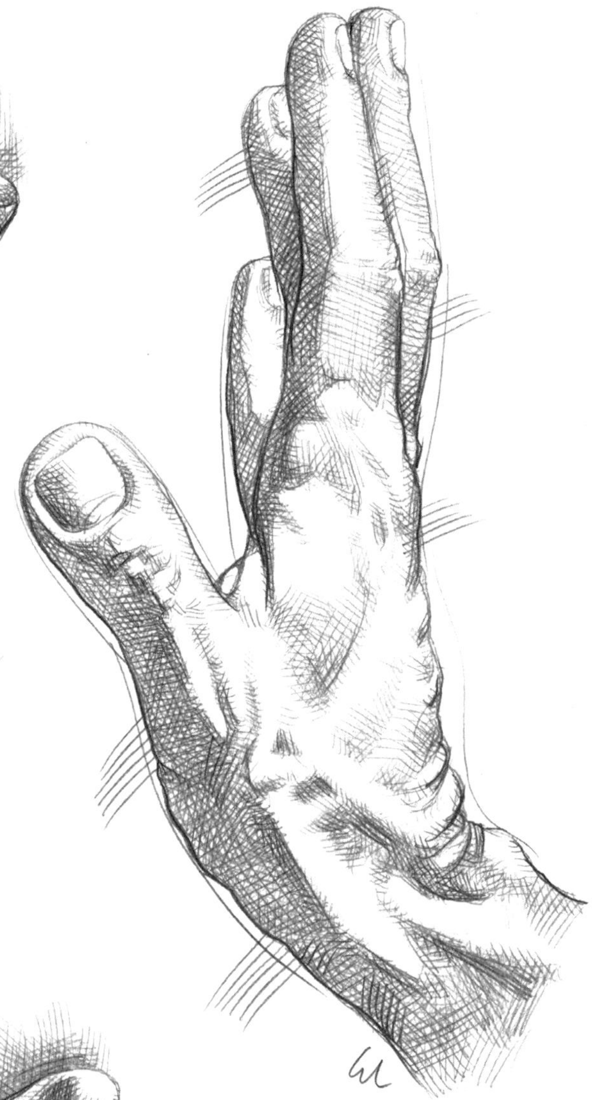

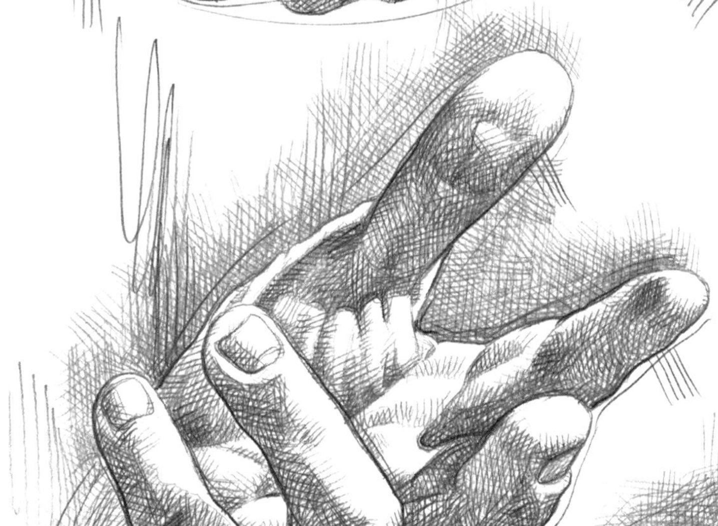

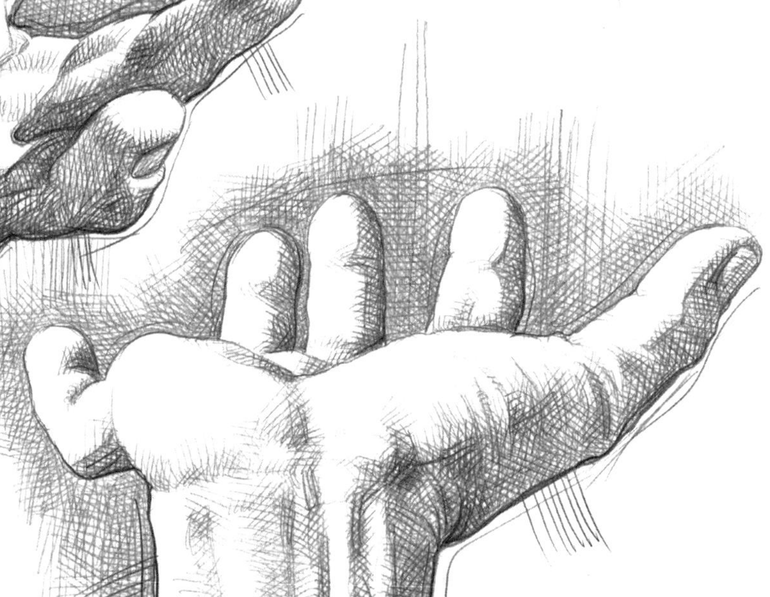

Üben Sie, Hände in extremen Verkürzungen zu zeichnen, denn solche Haltungen werden Ihnen oft begegnen, vor allem, wenn Sie sich auf Illustrationen oder Porträts spezialisieren. Betrachten Sie anfangs die Hand im Spiegel, da Sie so leichter Proportionen und Verkürzungen erkennen. Vermeiden Sie möglichst den Einsatz von Fotos, denn diese fügen fast immer weitere, unnatürliche perspektivische Verzerrungen hinzu.

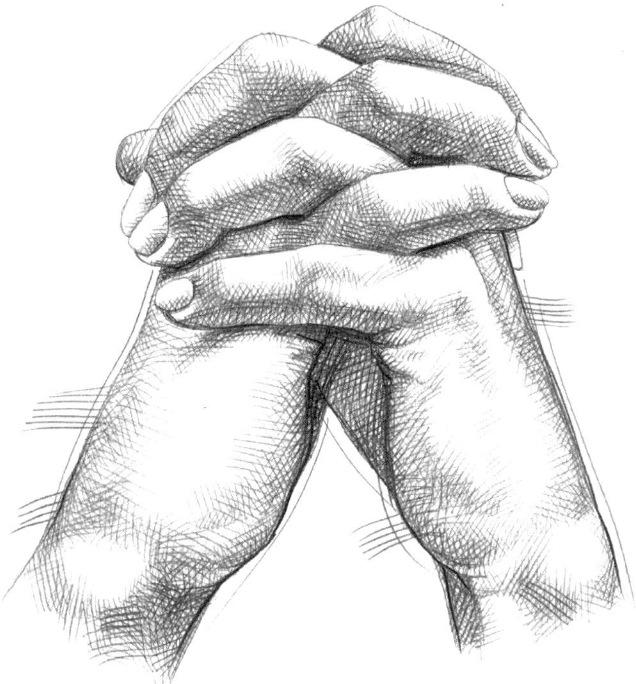

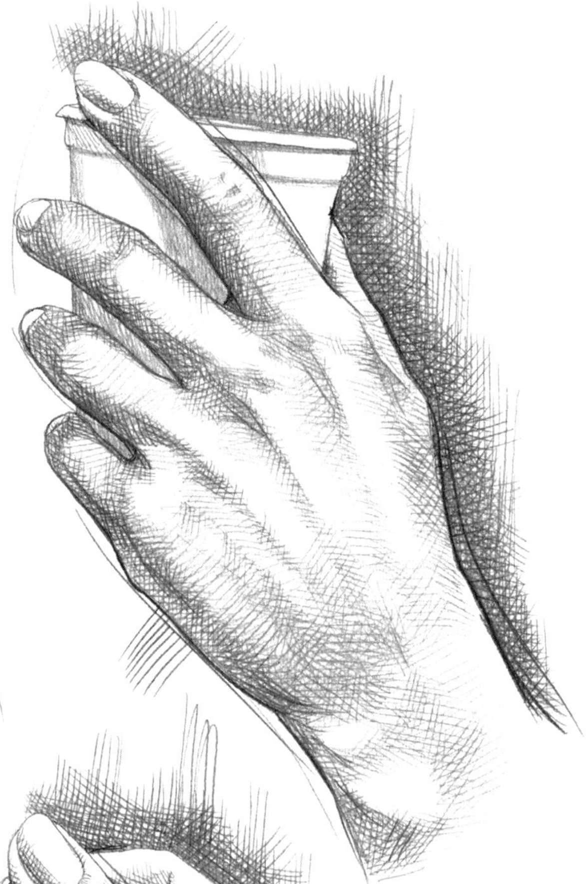

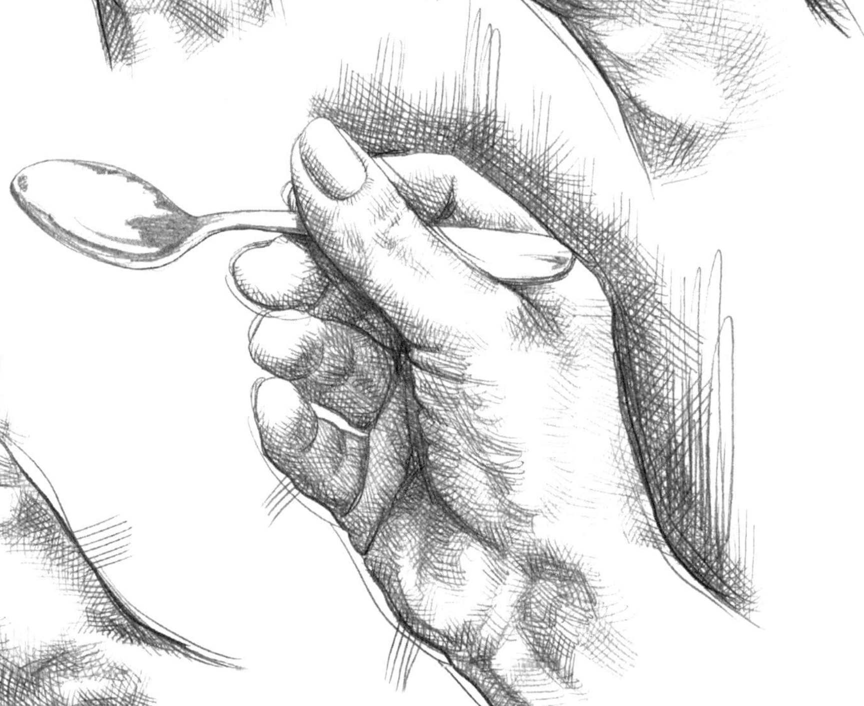

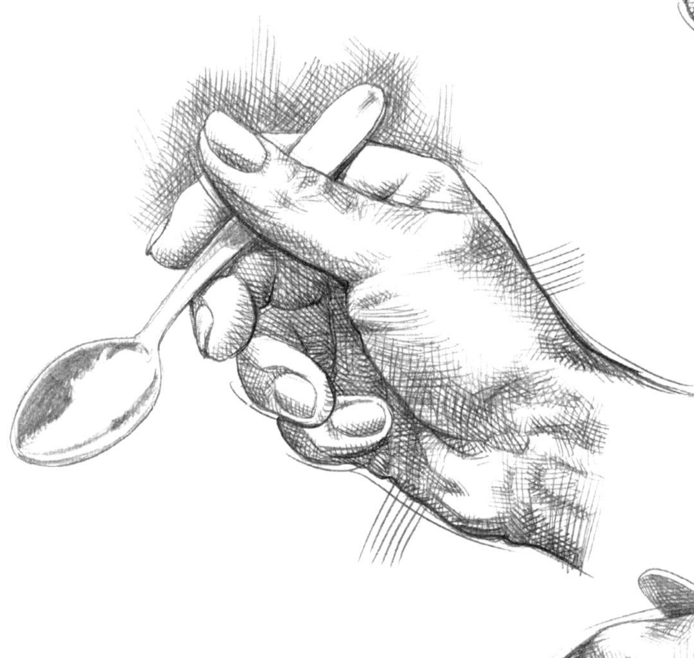

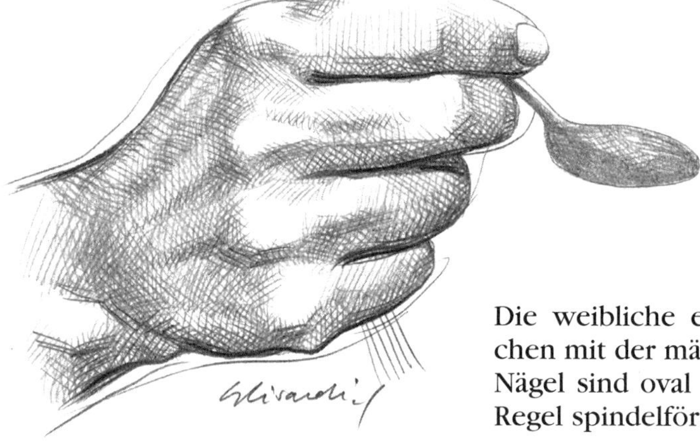

Die weibliche erwachsene Hand hat verglichen mit der männlichen zartere Formen. Die Nägel sind oval und die Finger laufen in der Regel spindelförmig zu.

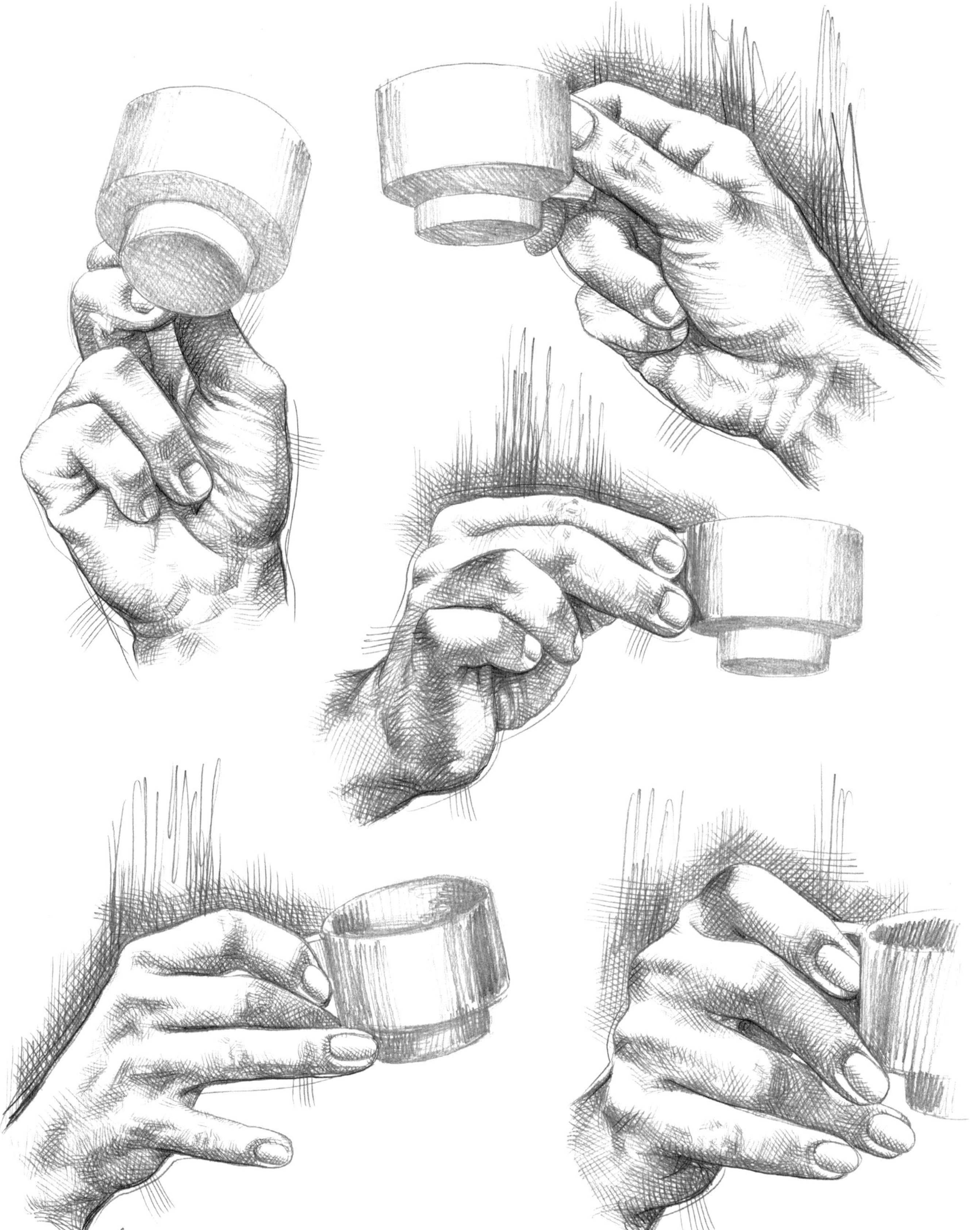

Dieses Blatt zeigt die gleiche Geste (Hand hält Tasse) dreimal von einer männlichen rechten Hand und zweimal von einer weiblichen rechten Hand ausgeführt.

12 Typen, Formen und Haltungen der Hände und Füße

Wie auch die meisten vorhergehenden Zeichnungen wurden auch die Blätter in diesem Kapitel in ein und derselben Technik (Grafit H, HB, B auf rauem Papier, 24 x 33 cm) angefertigt, wobei jede Ansicht einer Hand oder eines Fußes auf einem eigenen Blatt wiedergegeben wurde. Während ich auf den vorigen Seiten eine Reihe von verschiedenen Positionen aus der Fülle der Möglichkeiten ausgewählt habe, die unter anatomisch-morphologischen Aspekten interessant sind und nicht so sehr als Vorbilder zum genauen Kopieren dienen sollen, können Sie sich durch diese Bilder dazu anregen lassen, Ihre Hand, Ihren Fuß oder die Ihres Modells in der gleichen oder einer ähnlichen Haltung zu zeichnen und sie auch aus verschiedenen Blickwinkeln oder bei unterschiedlicher Beleuchtung zu studieren.
Natürlich wäre es sehr hilfreich (und auch vergnüglicher), solche Studien in unterschiedlichen Techniken auszuführen (Kohle, Aquarell, Feder und Tusche etc.), mit unterschiedlichen Herangehensweisen (linear, coloristisch, strukturell etc.), und dabei auch gleich wirksame Vereinfachungen oder ausdrucksstarke Akzentuierungen auszuprobieren.

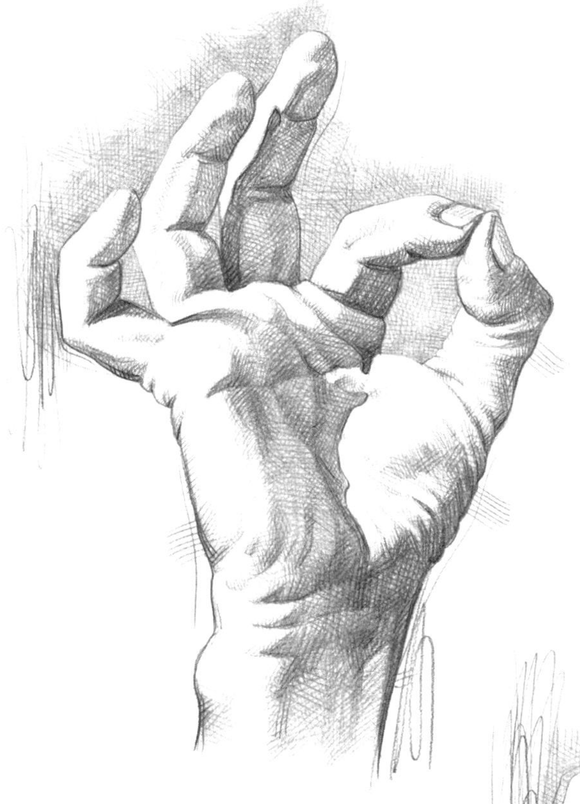

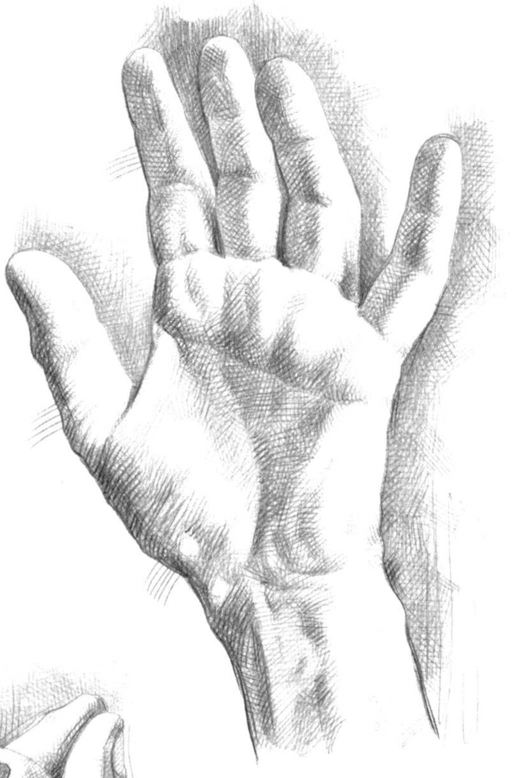

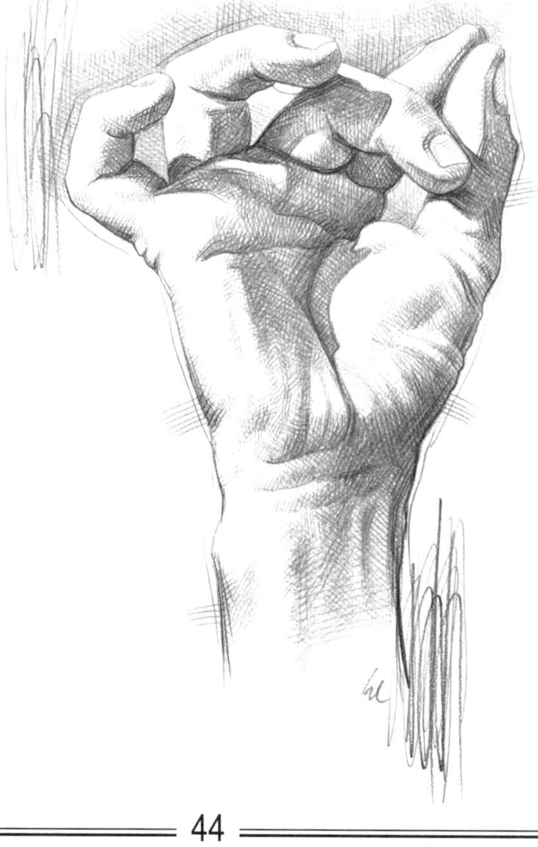

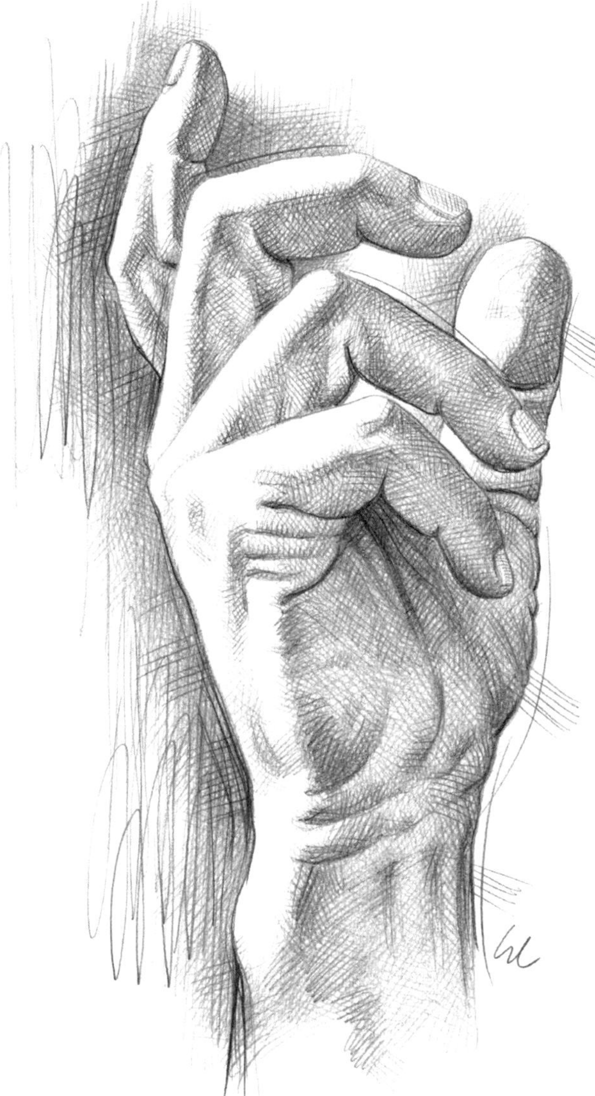

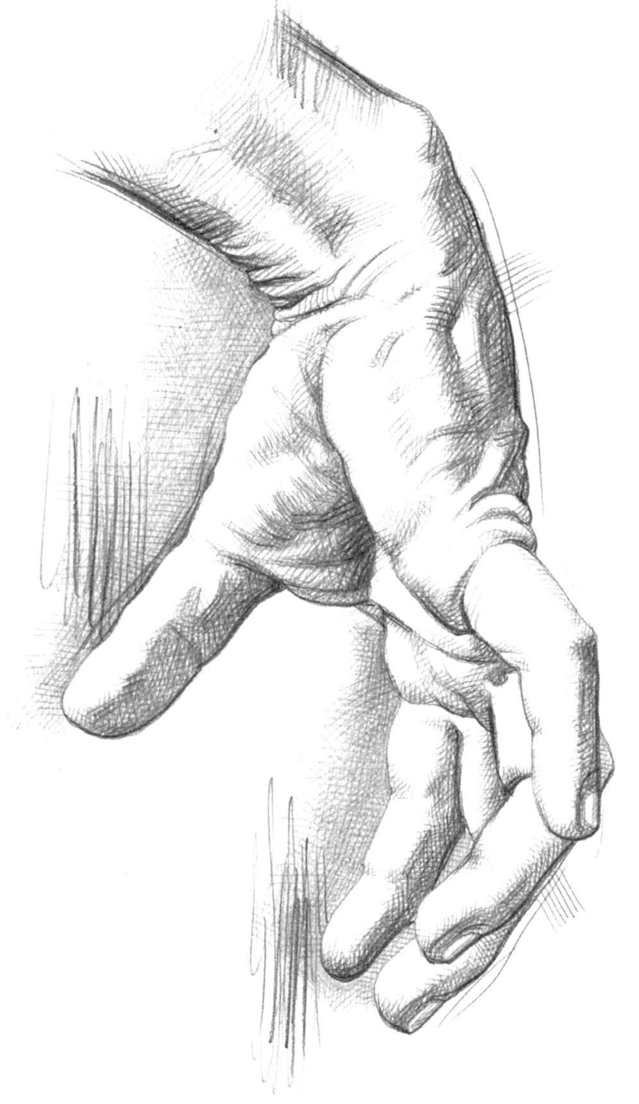

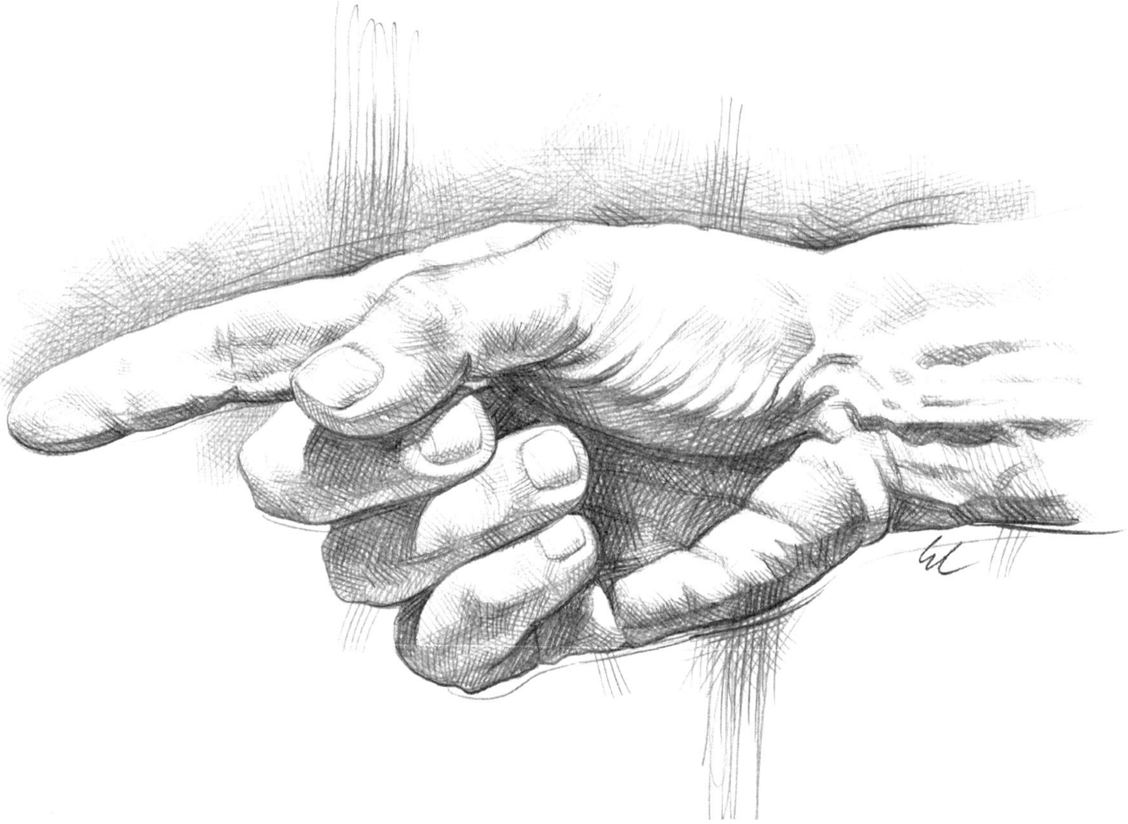

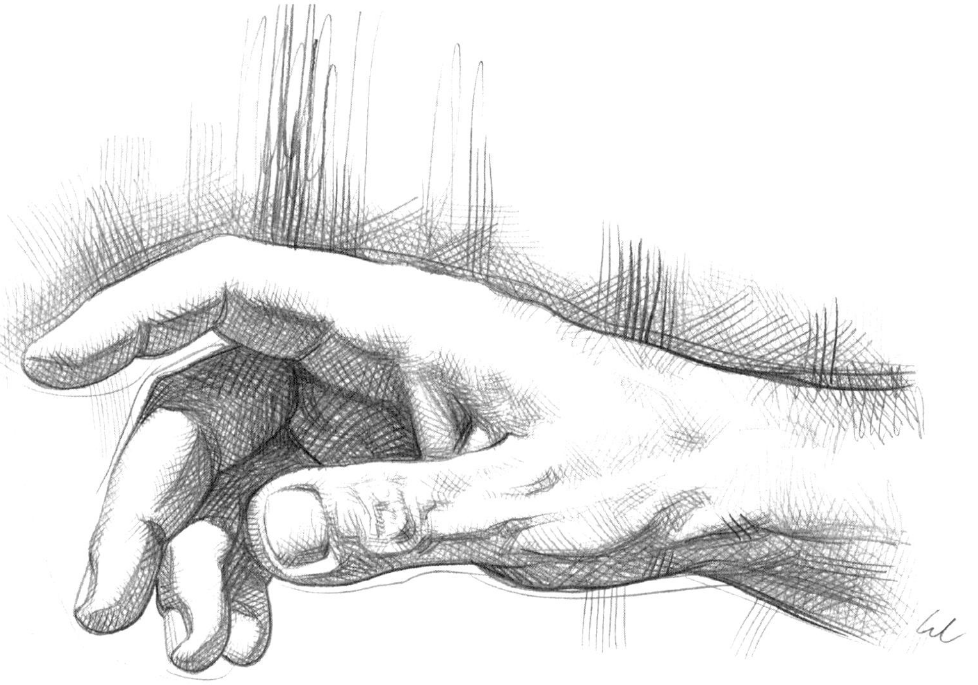

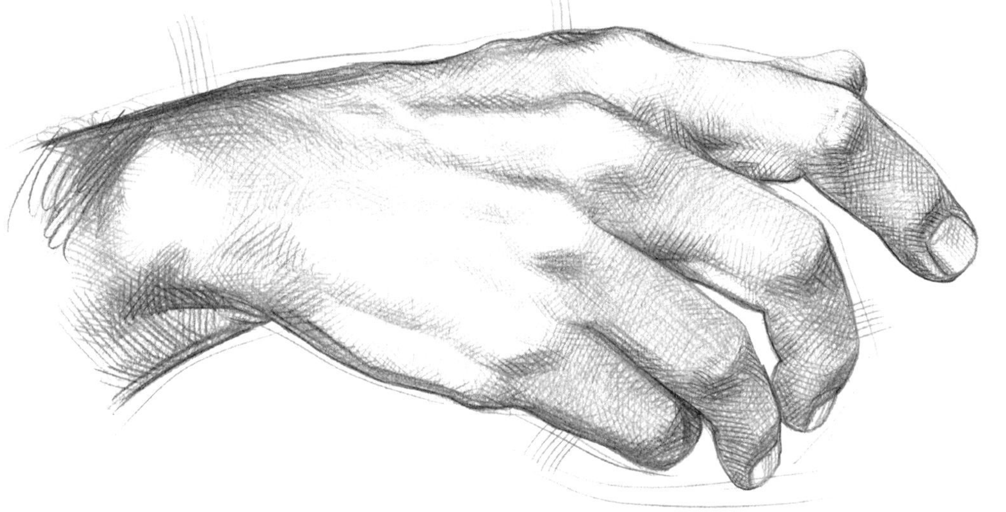

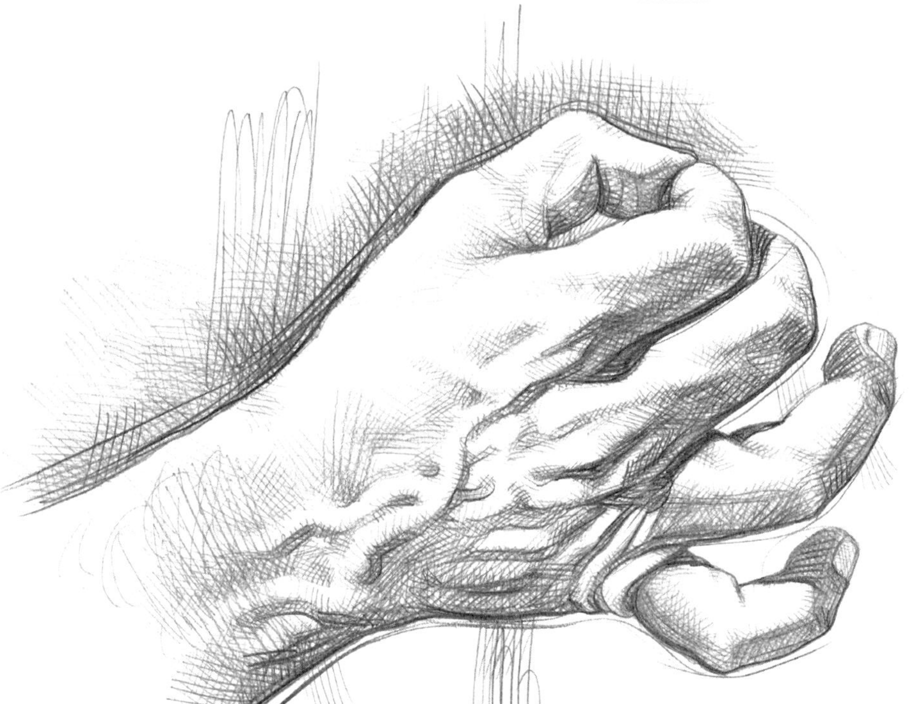

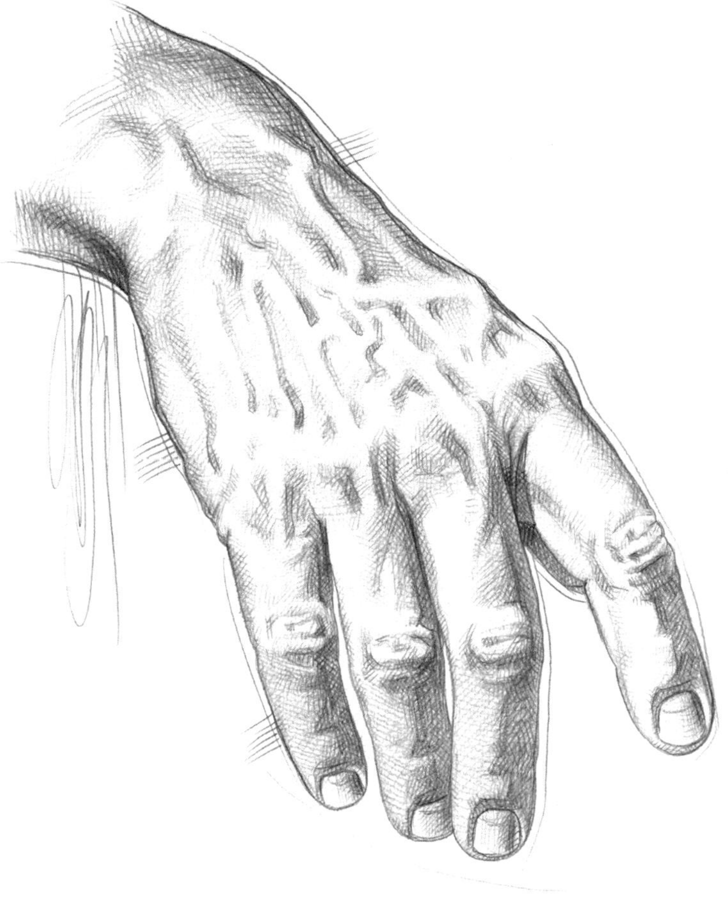

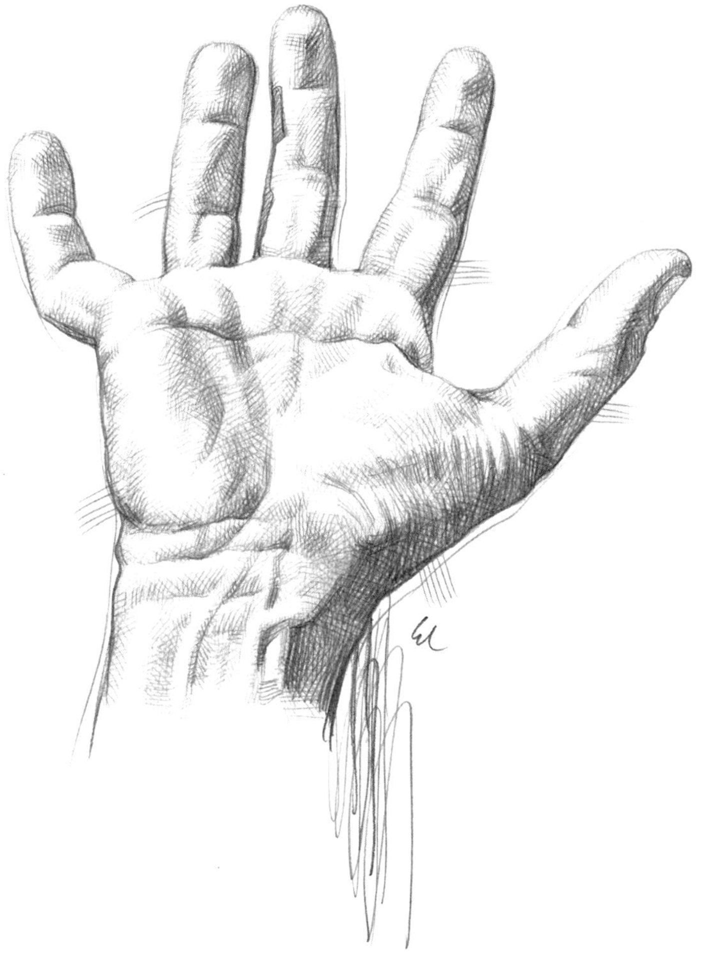

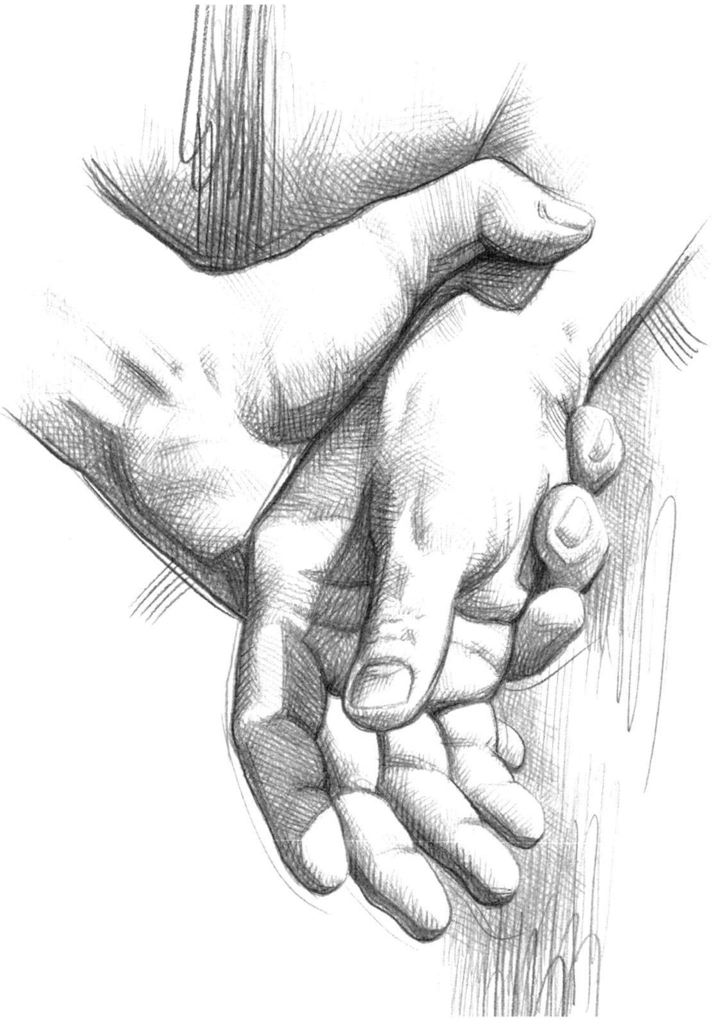

Kinderhände und Kinderfüße

Babyhände wirken eher untersetzt, die Mittelhand ist dick und voluminös (die Daumenmuskeln sind noch nicht entwickelt und auch auf dem Handrücken gibt es Fettpölsterchen) und die Finger kurz. Die Nägel sind sehr klar und wie bei Erwachsenen gebildet, wenngleich natürlich kleiner. Fettpölsterchen führen auch zu den typischen Falten am Handgelenk und zu den Grübchen an den Fingeransätzen.
Kinderhände weisen in abgeschwächter Form die gleichen Besonderheiten auf, wenngleich die Finger im Verhältnis zur Mittelhand weniger kurz erscheinen.
Der Fuß eines Neugeborenen ist recht flach, eine Folge der Lockerheit der Sehnen und der Fülle von Fettgewebe, das die Wölbung der Sohle fast völlig ausfüllen kann.

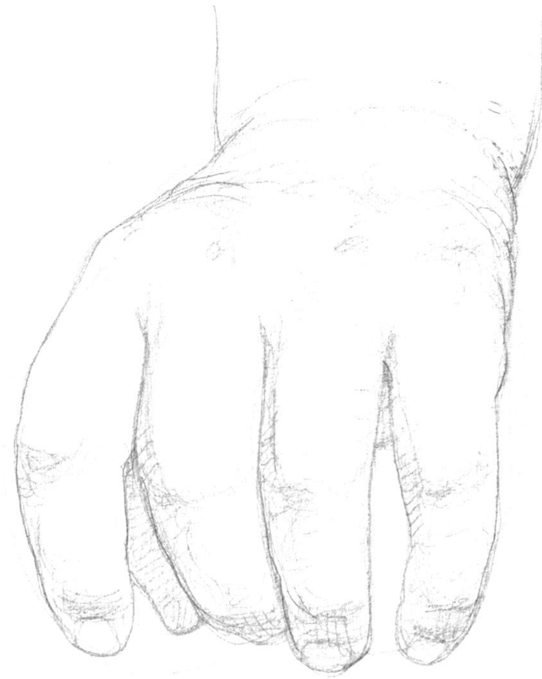

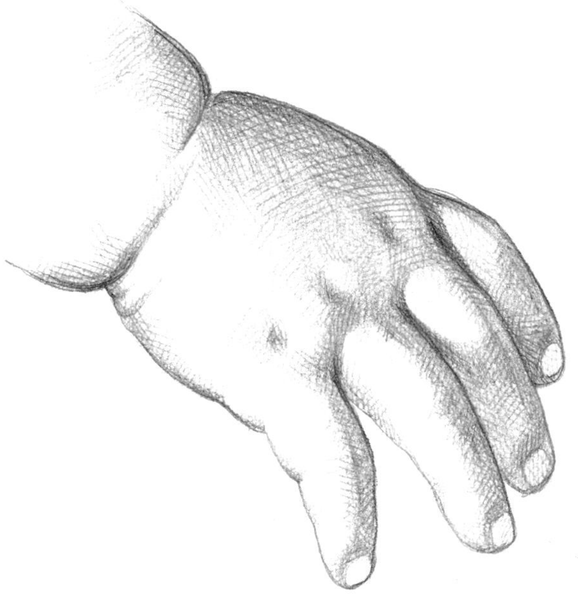

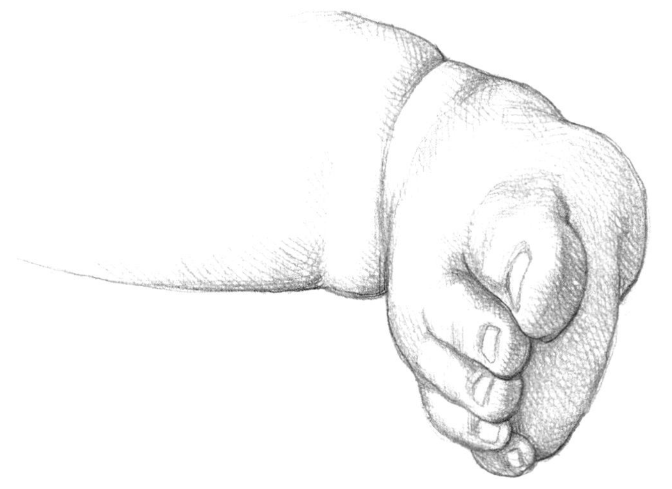

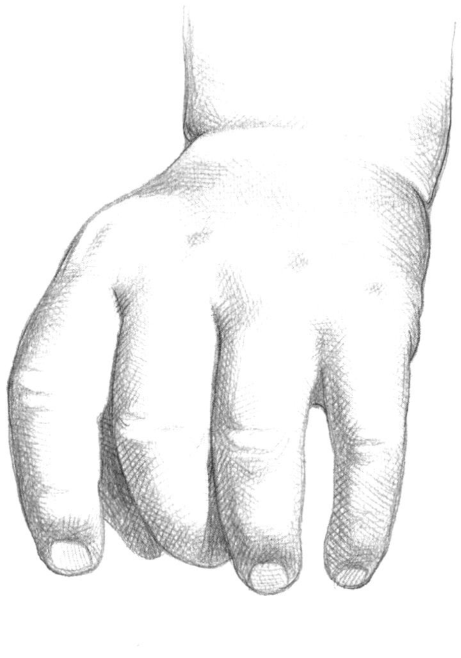

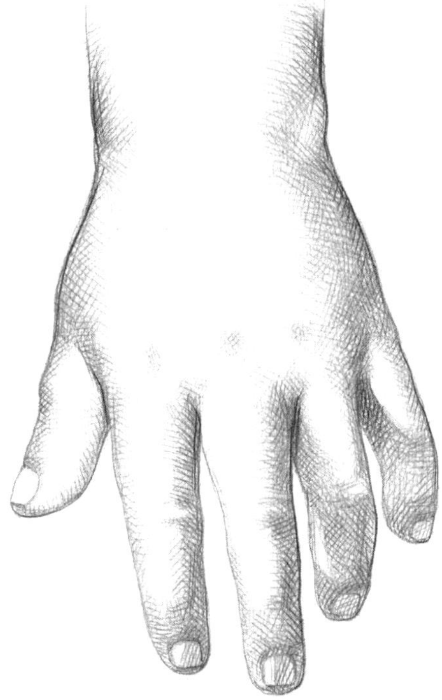

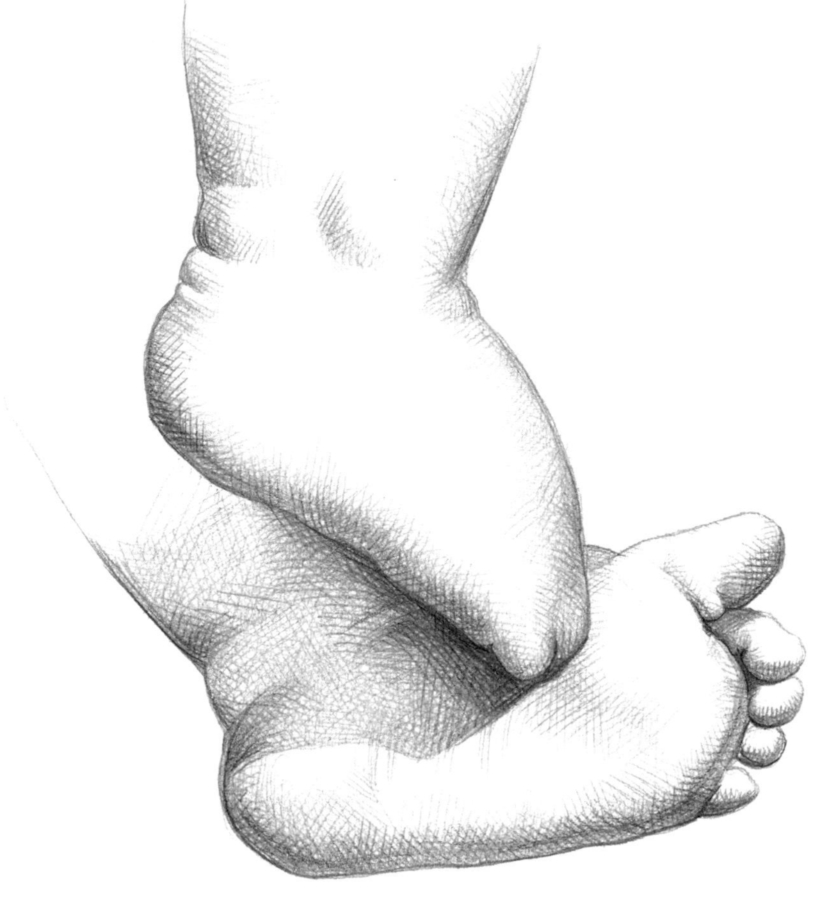

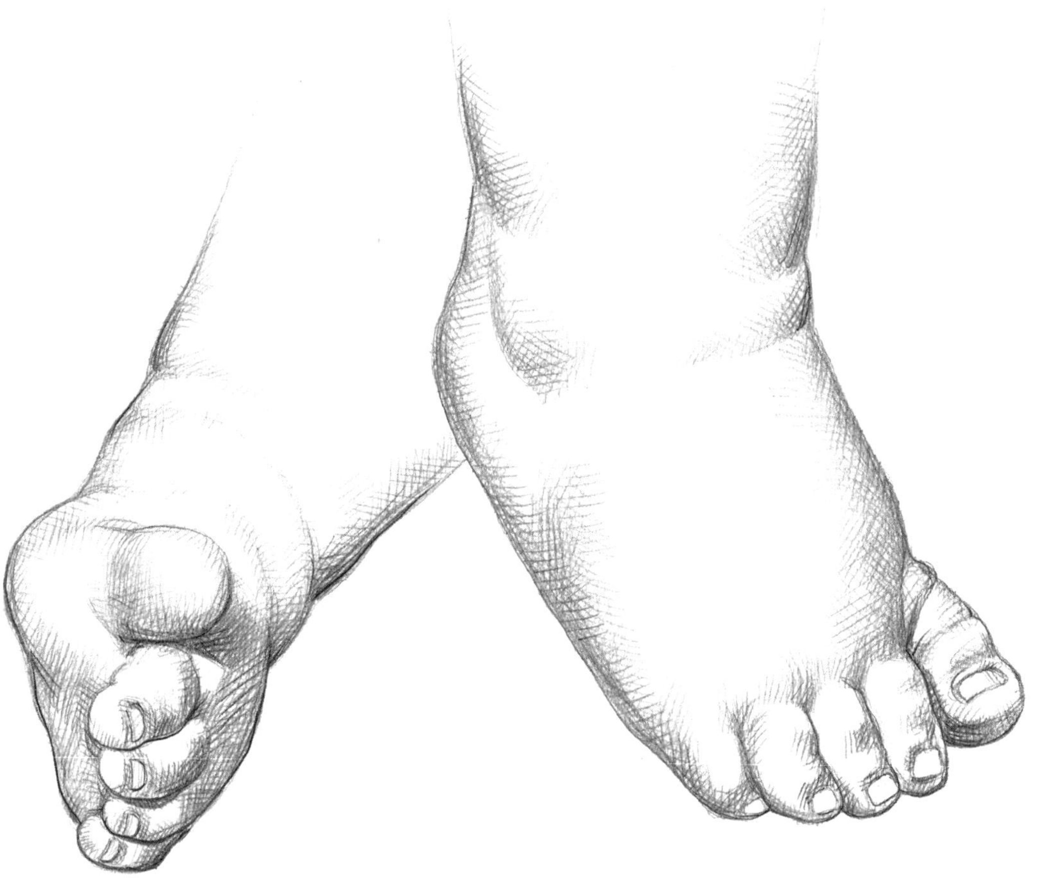

Die erwachsene weibliche Hand

Weibliche Hände besitzen – wie auch die Köpfe – kleinere Knochen, eine zartere Muskulatur und eine größere Rundheit aller Flächen. Insgesamt wirken sie länger und schlanker.
Die Finger laufen spindelförmig zu, die Gelenke treten weniger hervor als bei Männern, die Nägel sind oval. Auf dem Handrücken fehlt fast jede Behaarung, die Oberflächenvenen und Sehnen sind kaum erhaben.

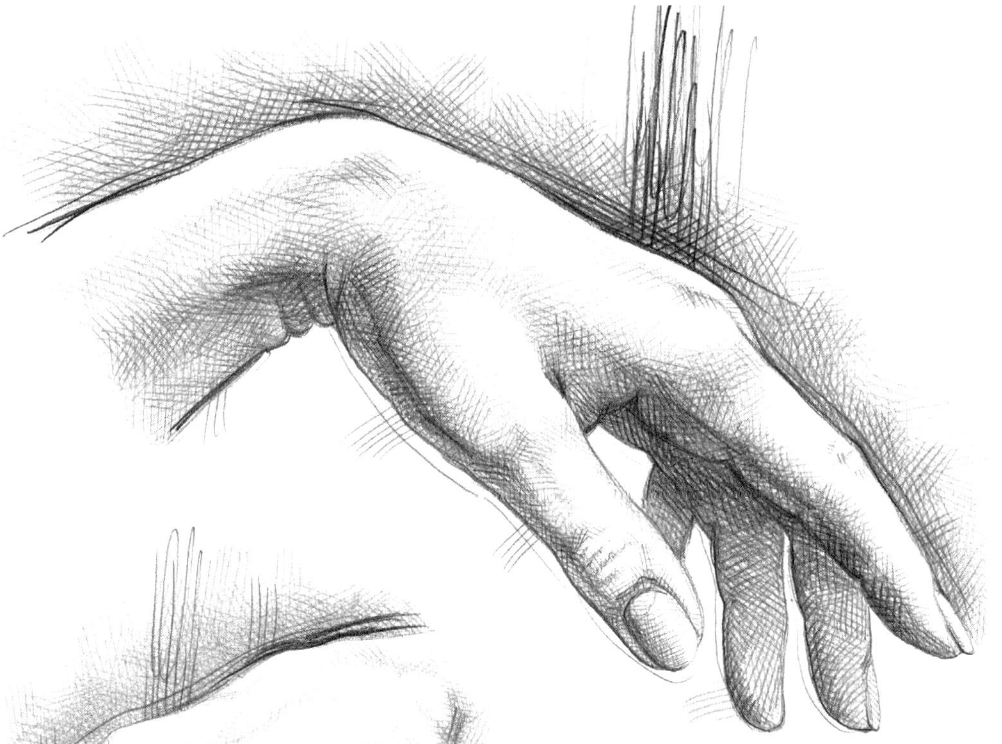

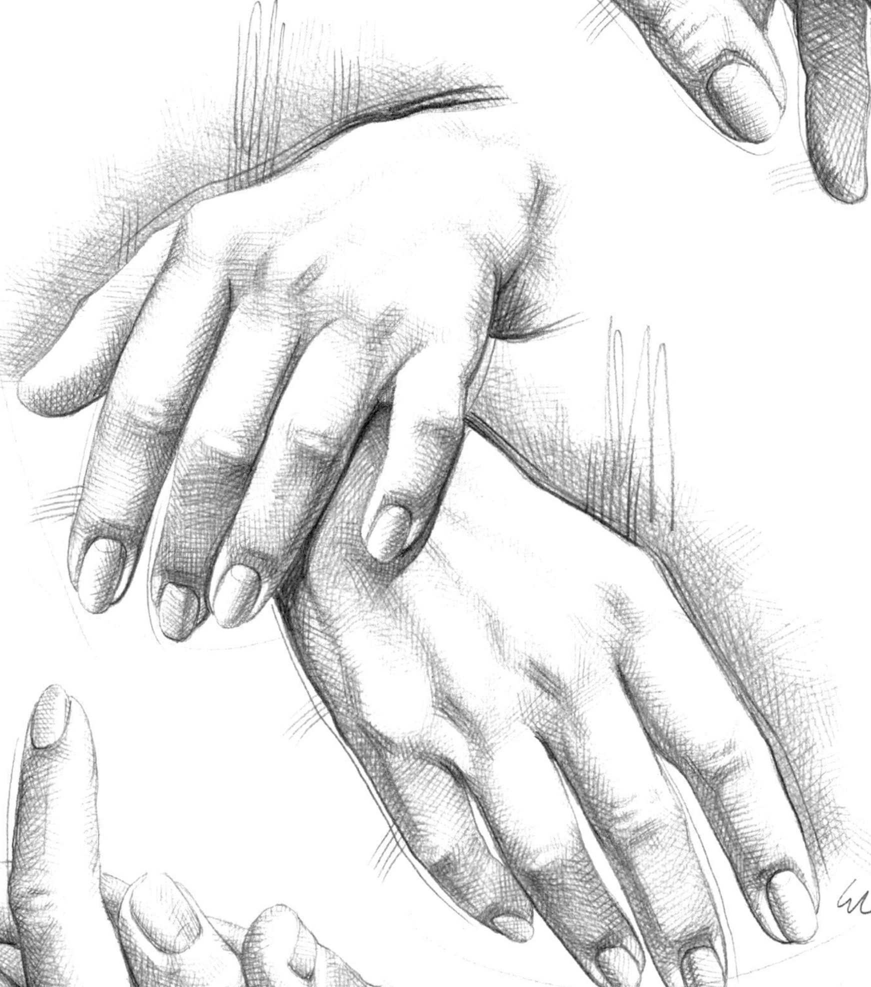

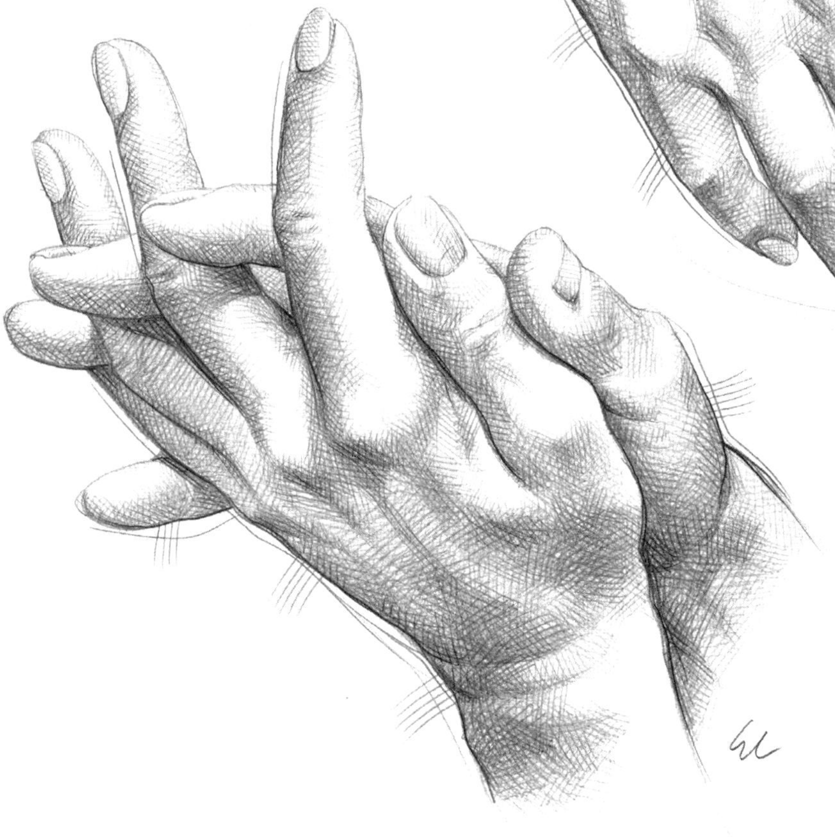

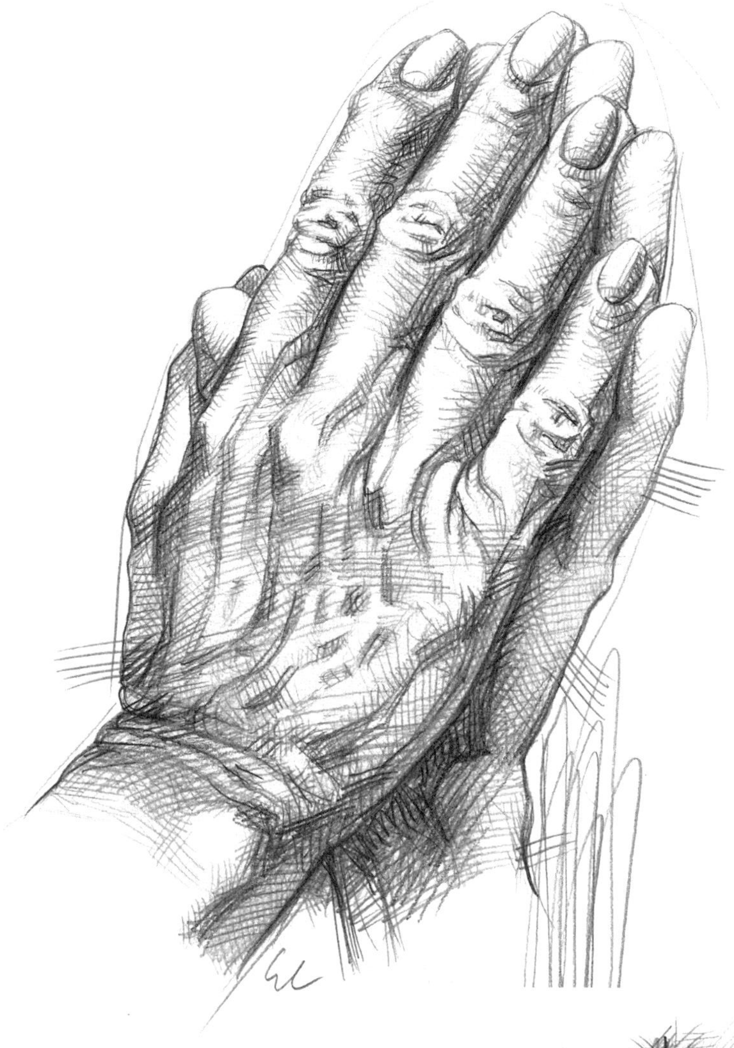

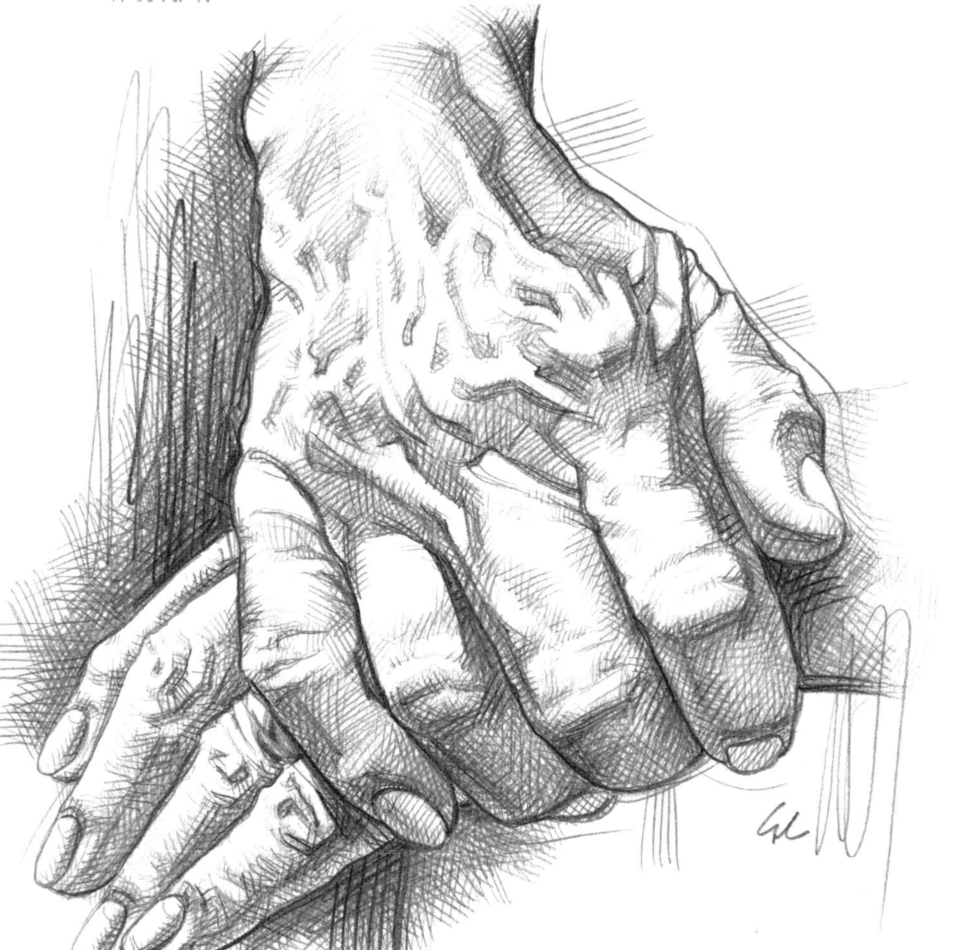

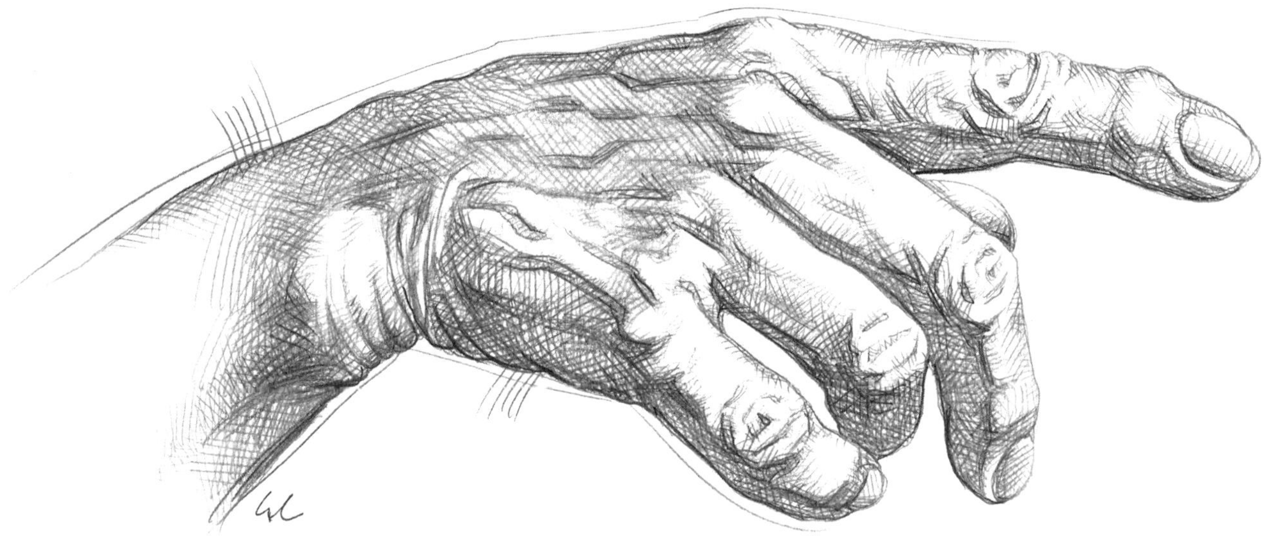

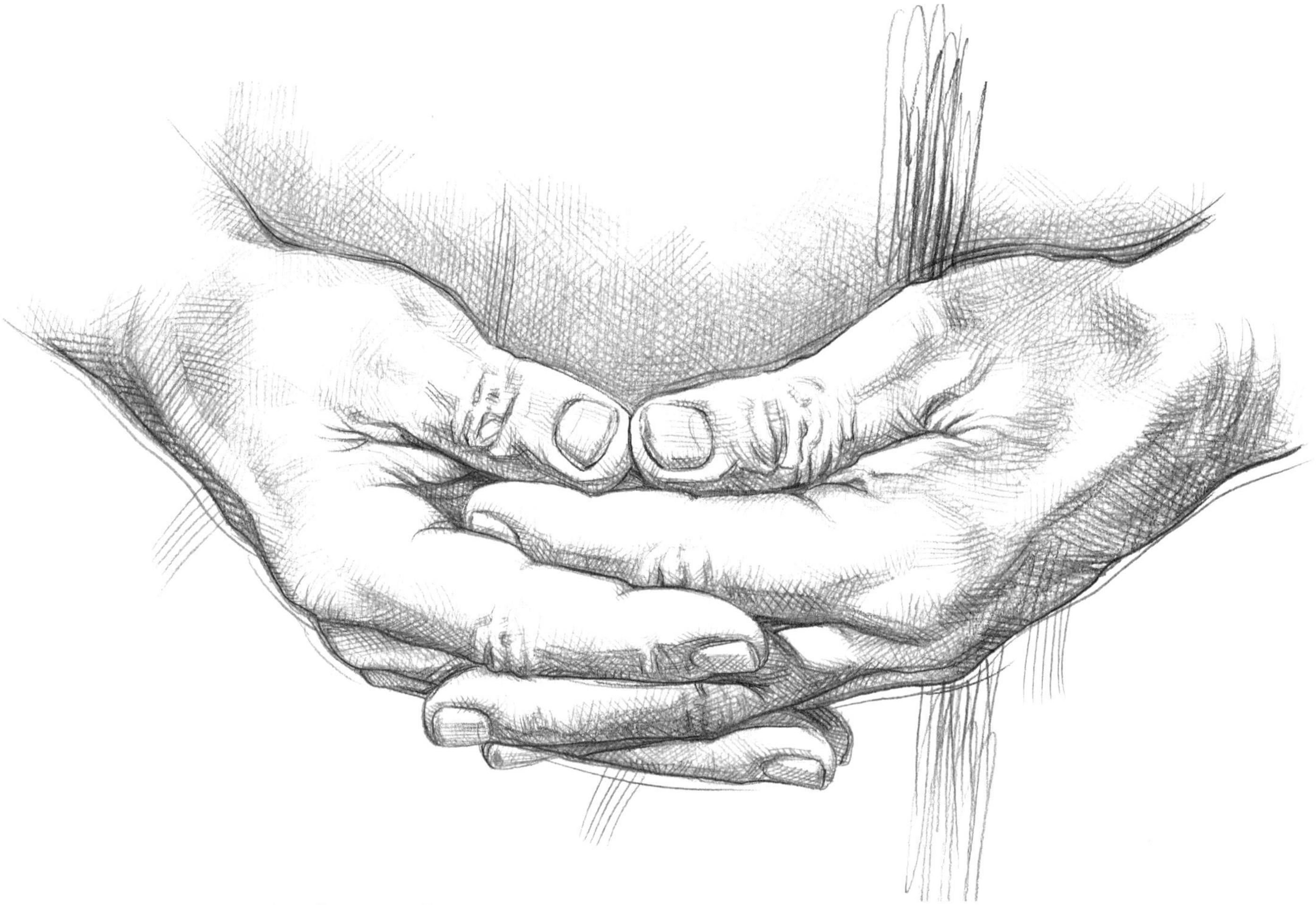

Alte Hände und alte Füße

Die Hände von alten Menschen sehen anders aus als die von jungen, teils aufgrund der Rückbildung des subkutanen Fettgewebes, was ausdrucksstärkere Bewegungen und hervortretende Mittelhandknochen zur Folge hat, teils aufgrund der Rückbildung der Binnenmuskulatur (besonders des ersten Zwischenfingermuskels auf dem Handrücken). Die Gelenke, besonders die Fingergelenke können zudem durch Arthritis verdickt sein. Die Haut wird dünner, bildet sich zurück, verliert ihre Elastizität, bekommt bleibende Falten und Rillen, auf dem Handrücken können die sogenannten braunen Altersflecken auftreten, Melaninkonzentrationen, und die Oberflächenvenen treten stärker hervor.
Füße alter Menschen besitzen oft Verhärtungen an den mechanisch am stärksten belasteten Stellen, leiden häufig an Großzehenballenentzündung (Hallux valgus) mit zu den anderen Zehen hin verschobener Großzehe und oft kommt es zur Abflachung der Fußwölbung als Folge der Rückbildung der Sohlenmuskulatur und Arthrose der Fußwurzel.

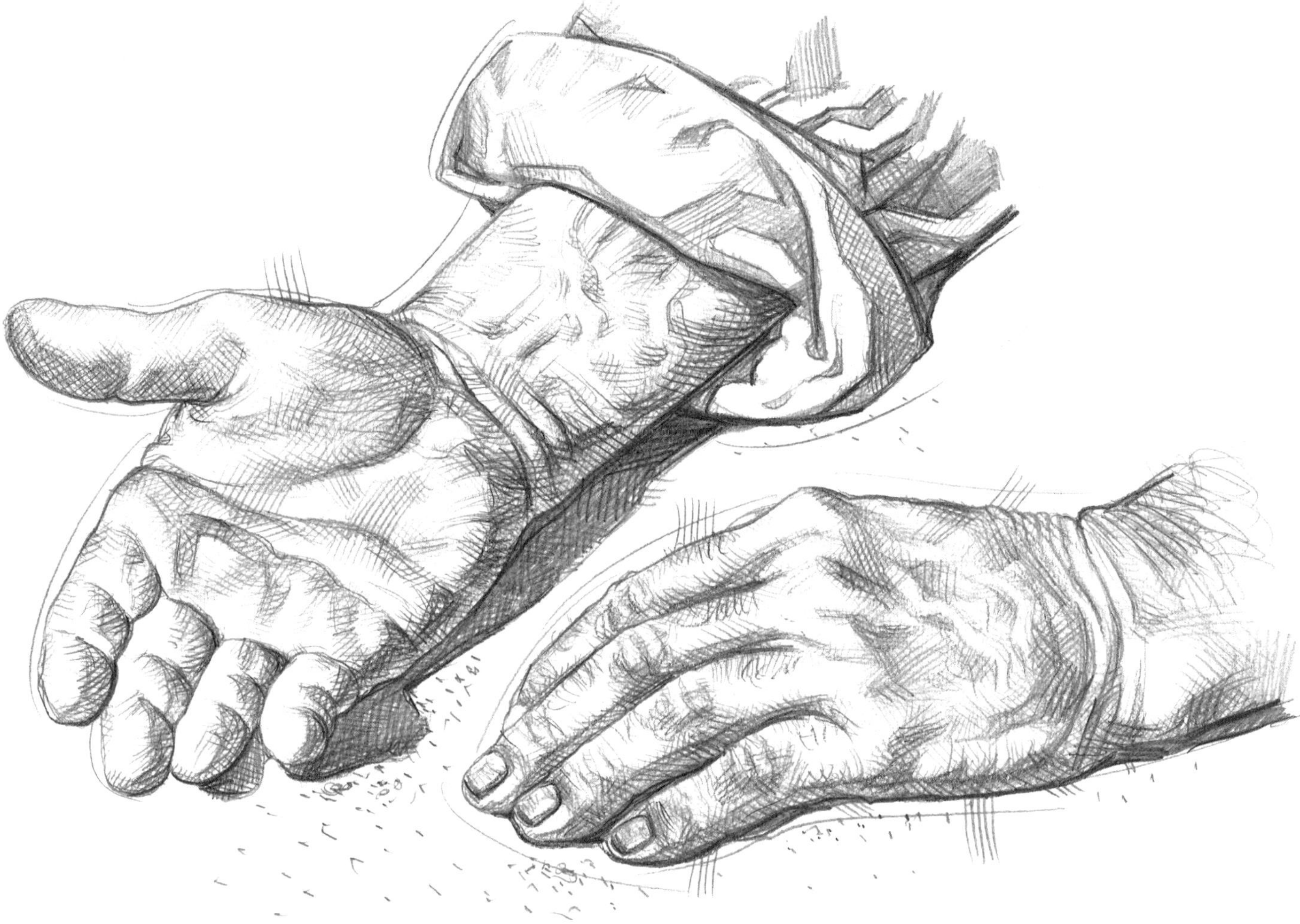

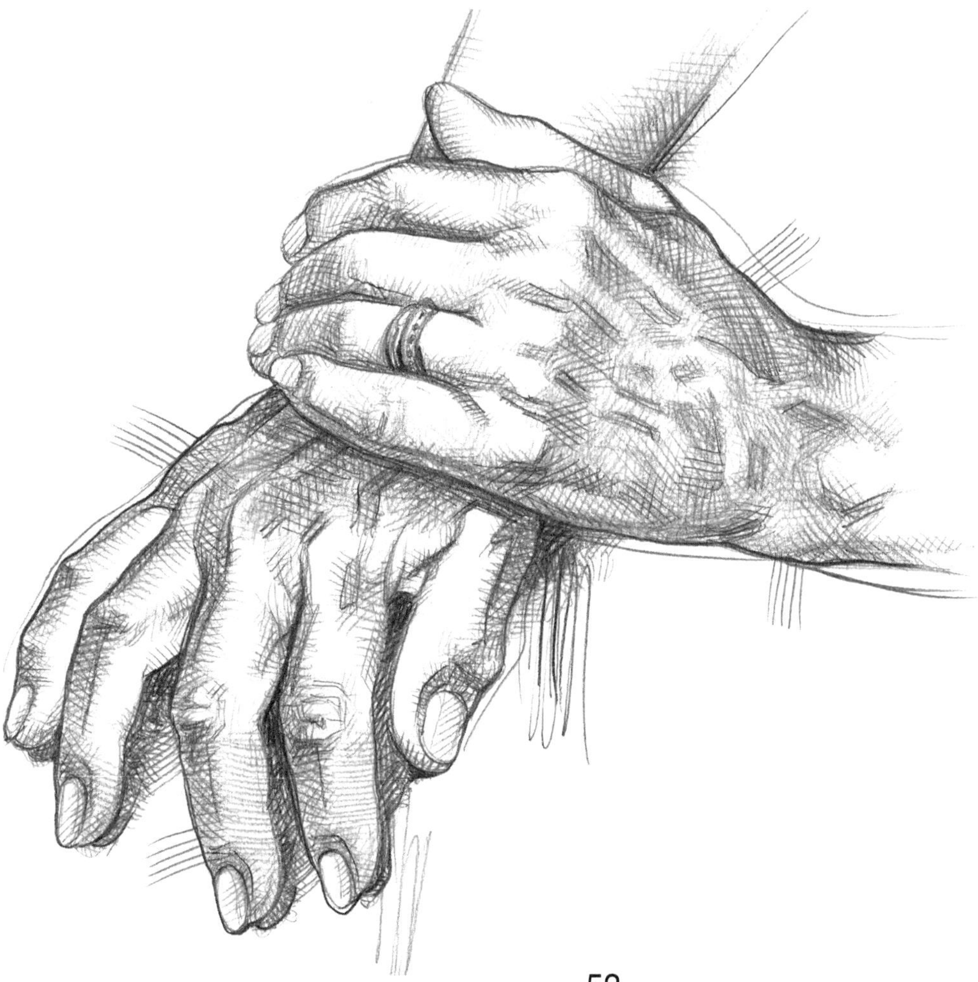

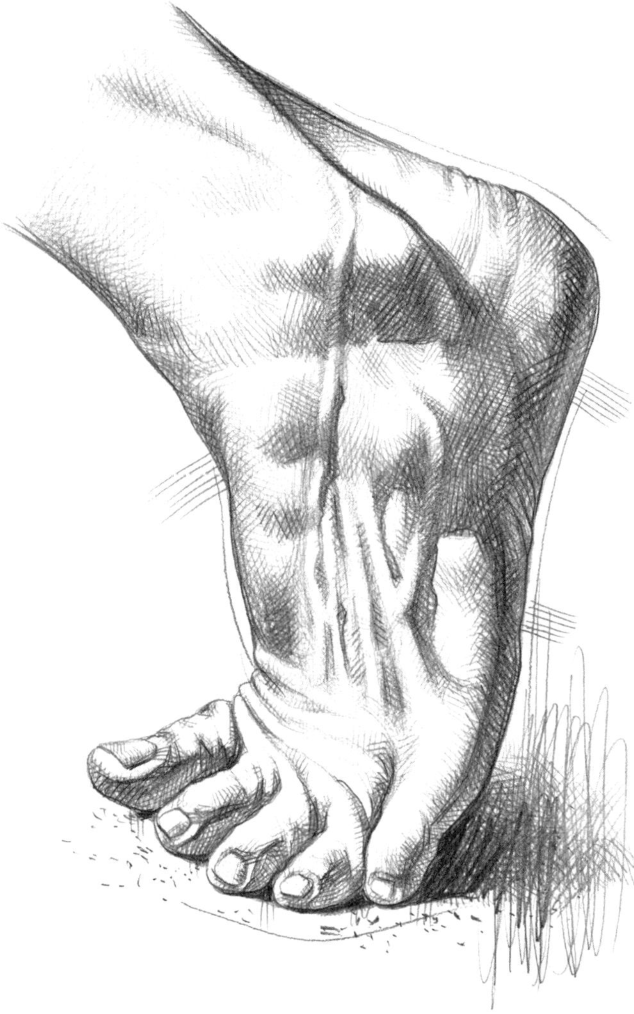

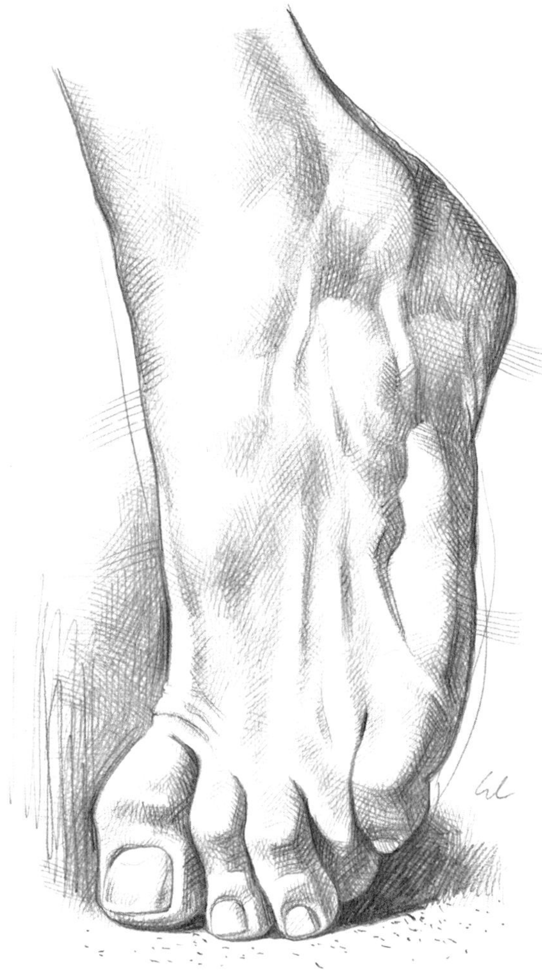

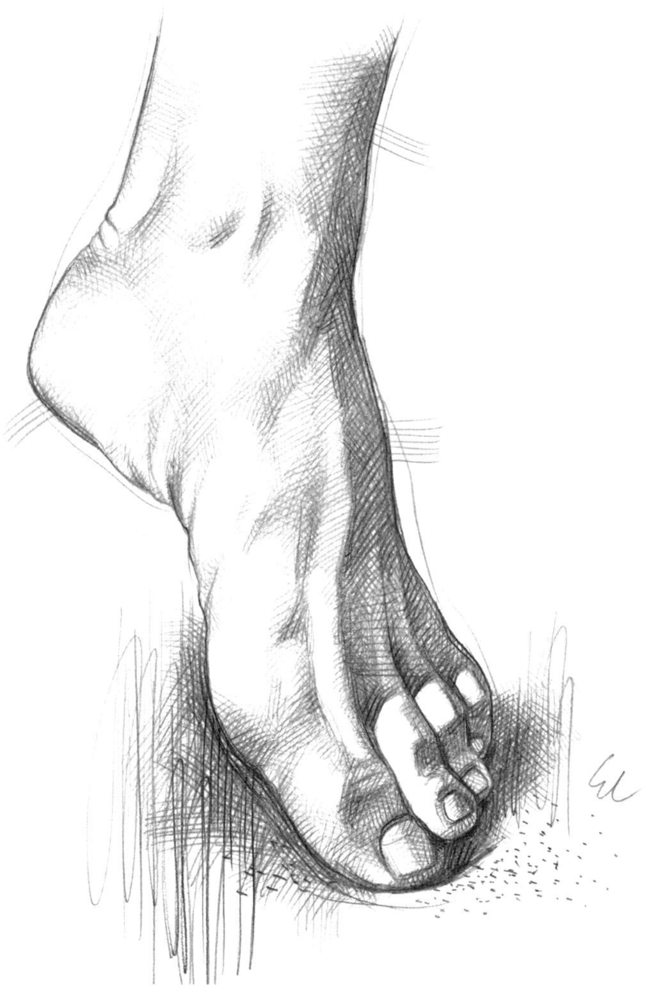

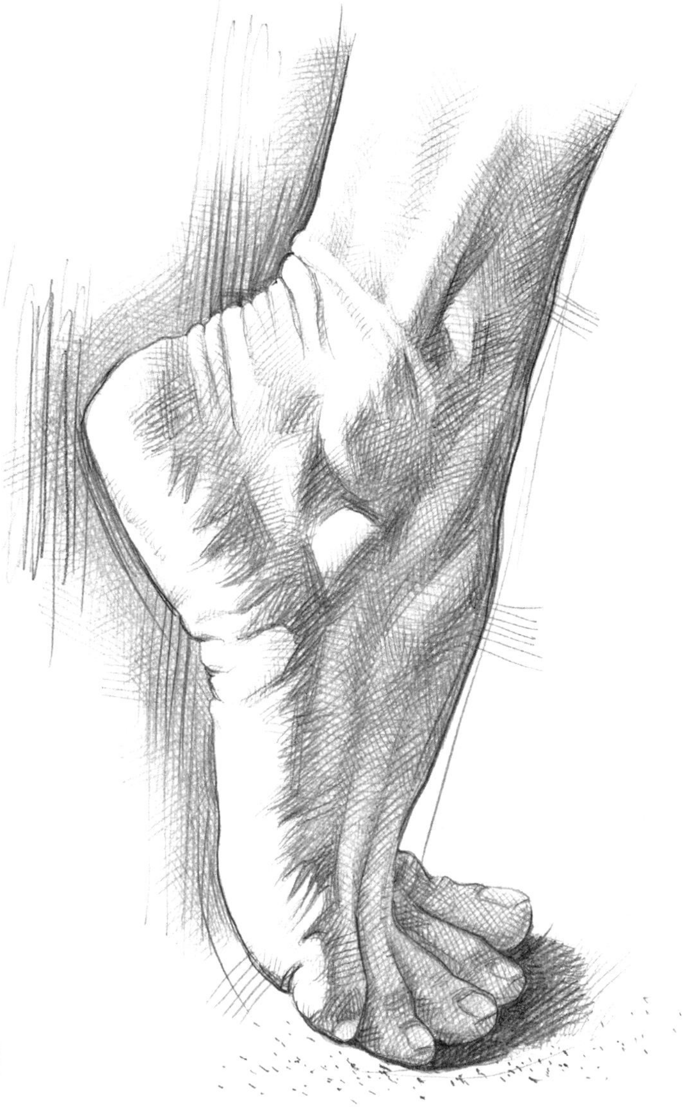

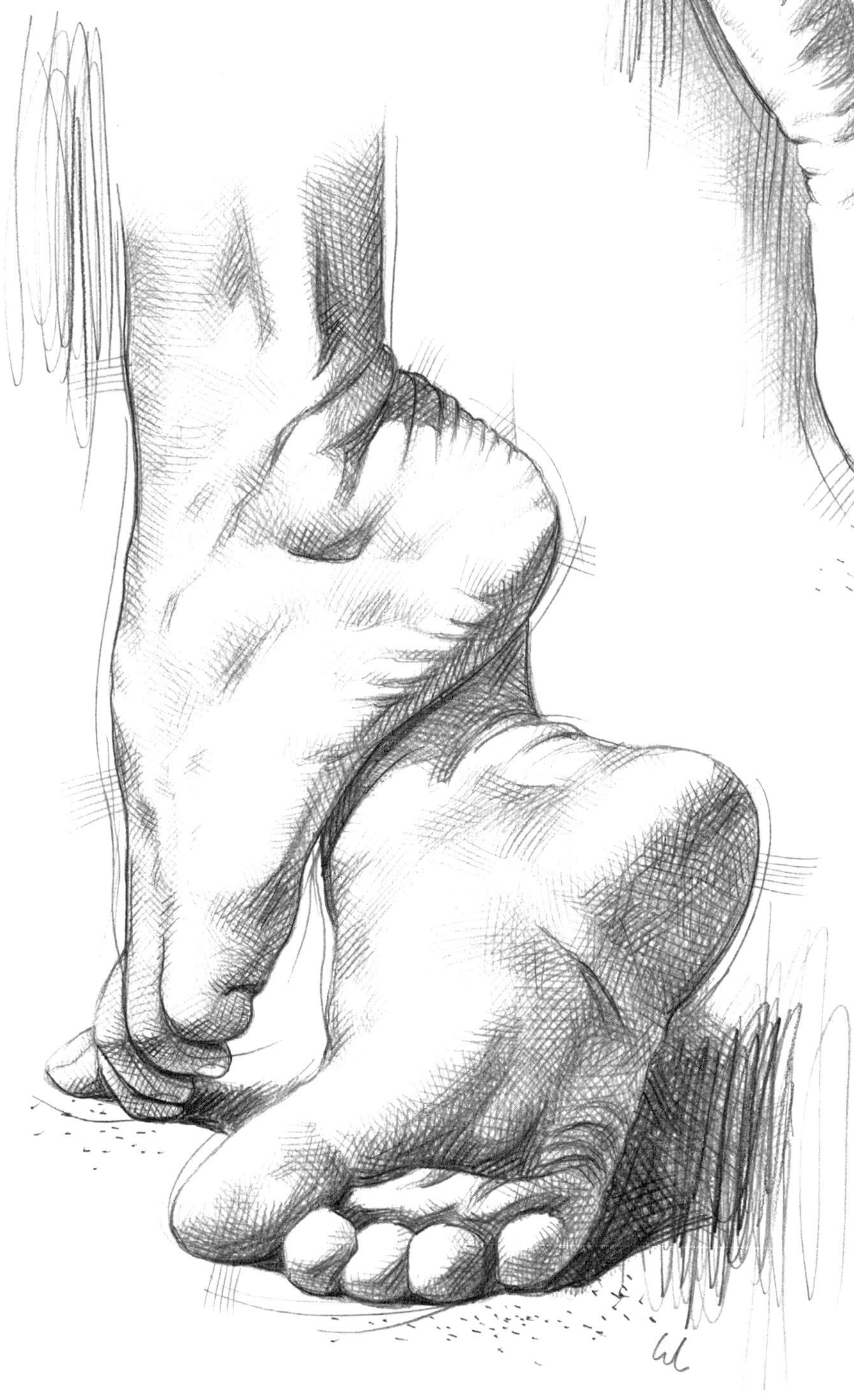

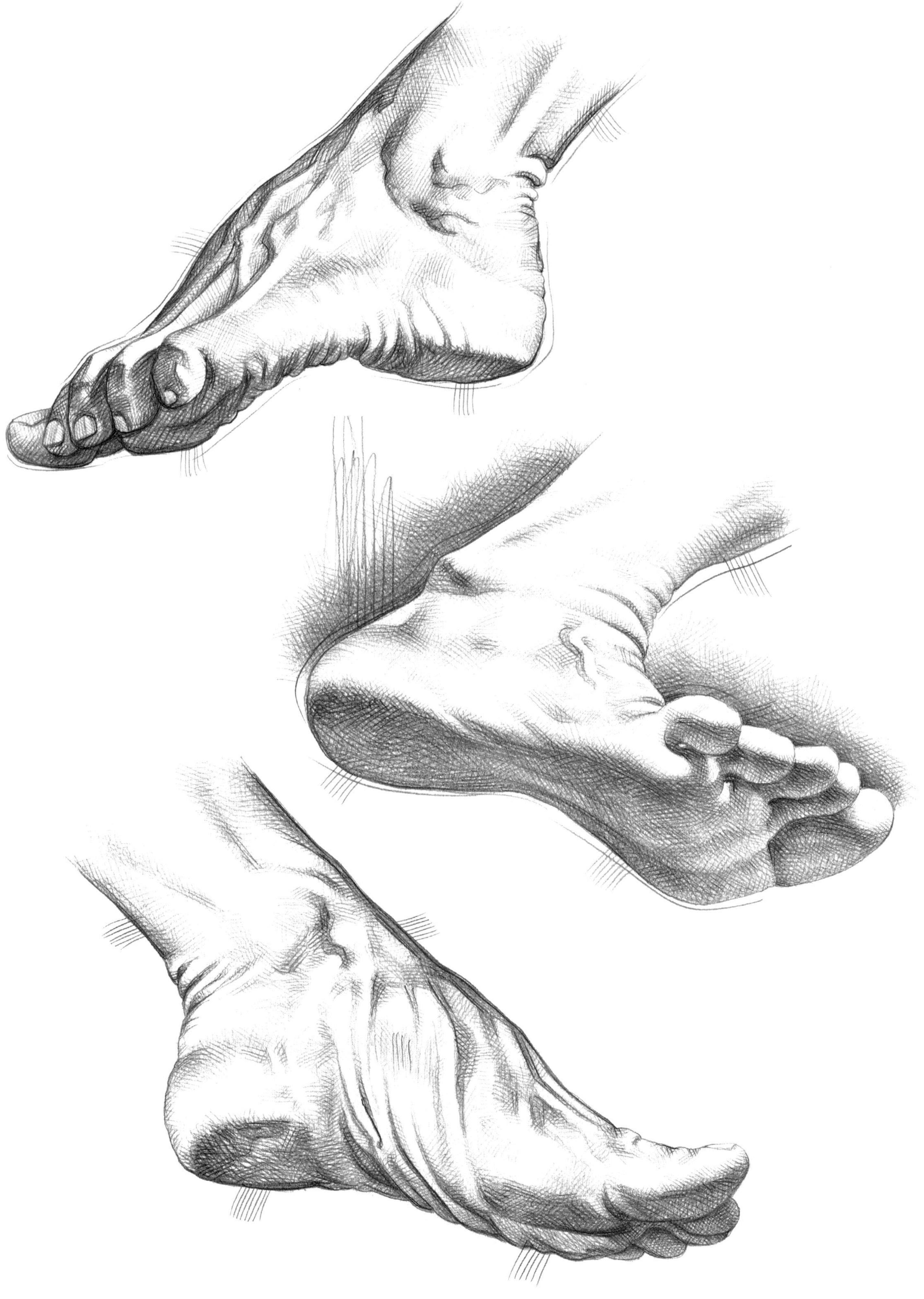

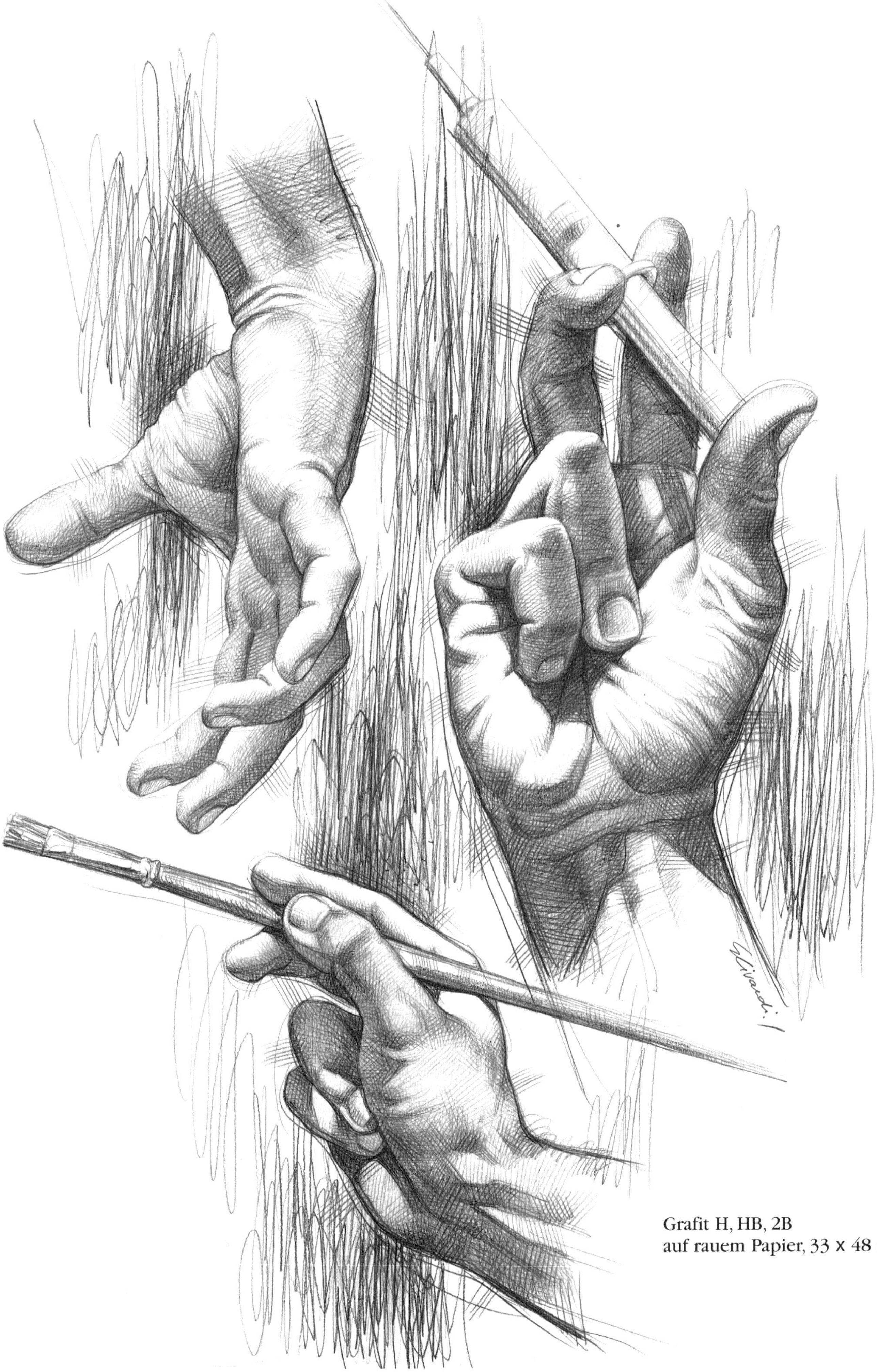

Grafit H, HB, 2B
auf rauem Papier, 33 x 48 cm

13 Zeichnungen und Studien

In diesem letzten Abschnitt dieses Buches gebe ich einige der Vorzeichnungen wieder, die ich zu verschiedenen Zeiten und in unterschiedlichen Techniken für größere Werke angefertigt habe (Illustrationen, Stiche, Gemälde oder Plastiken), die dann tatsächlich ausgeführt wurden. Verglichen mit den „fertigen“ Werken kommt in den Vorstudien fast immer eine gewisse Freiheit und Frische der Beobachtung und der Durchführung zum Vorschein; sie sind Zeichnungen zum Erforschen und Erkunden, die eine Idee auf den Punkt bringen, ein Projekt formulieren, einer Intuition Raum geben - und natürlich auch Instumente, die technische Schwierigkeiten der Darstellung lösen (oder zu lösen versuchen ...) sollen.

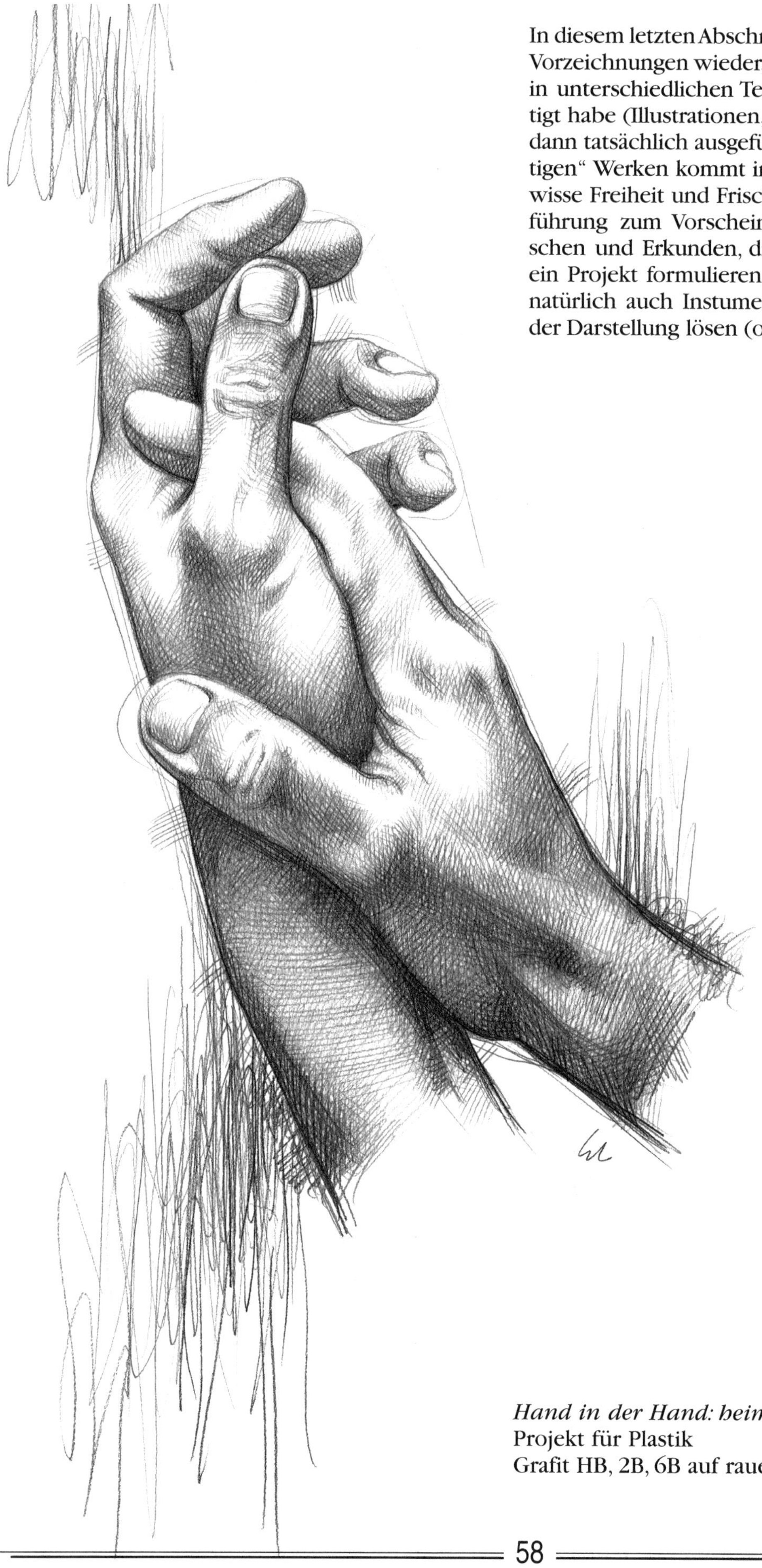

Hand in der Hand: heimliche Hoffnung einer Zuneigung
Projekt für Plastik
Grafit HB, 2B, 6B auf rauem Papier, 33 x 48 cm

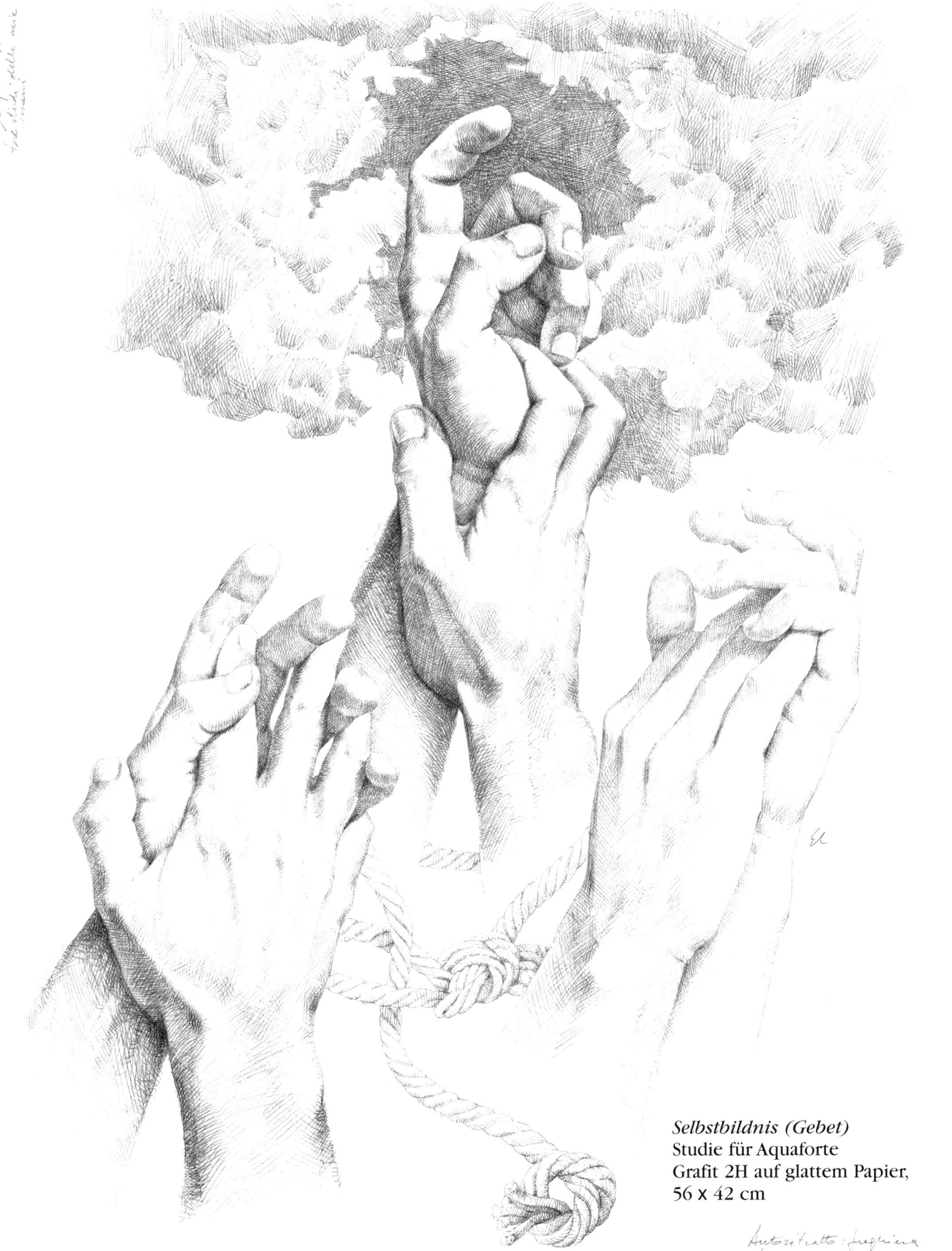

Selbstbildnis (Gebet)
Studie für Aquaforte
Grafit 2H auf glattem Papier,
56 x 42 cm

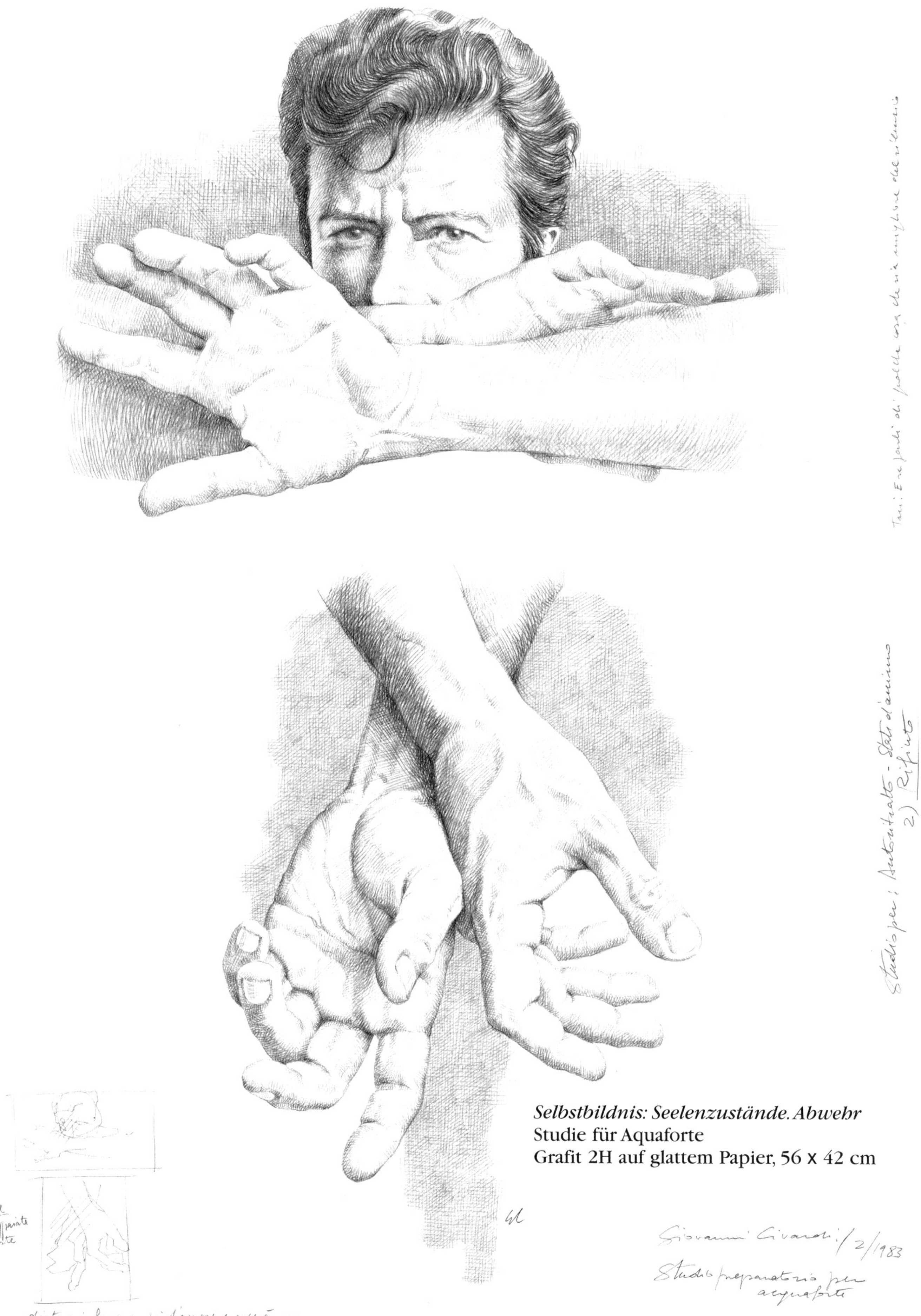

Selbstbildnis: Seelenzustände. Abwehr
Studie für Aquaforte
Grafit 2H auf glattem Papier, 56 x 42 cm

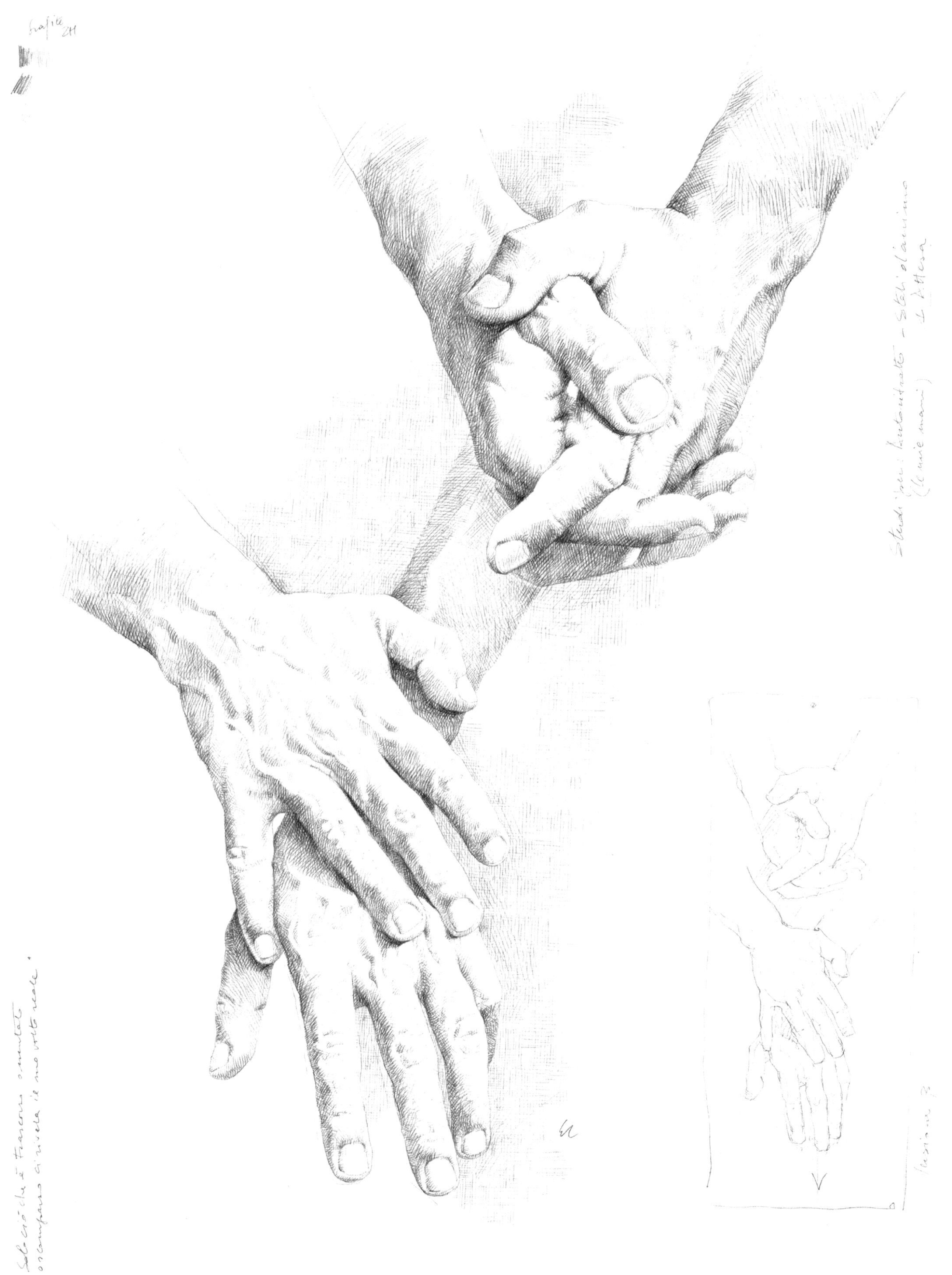

Selbstbildnis: Seelenzustände. Warten
Studie für Aquaforte
Grafit 2H auf glattem Papier, 56 x 42 cm

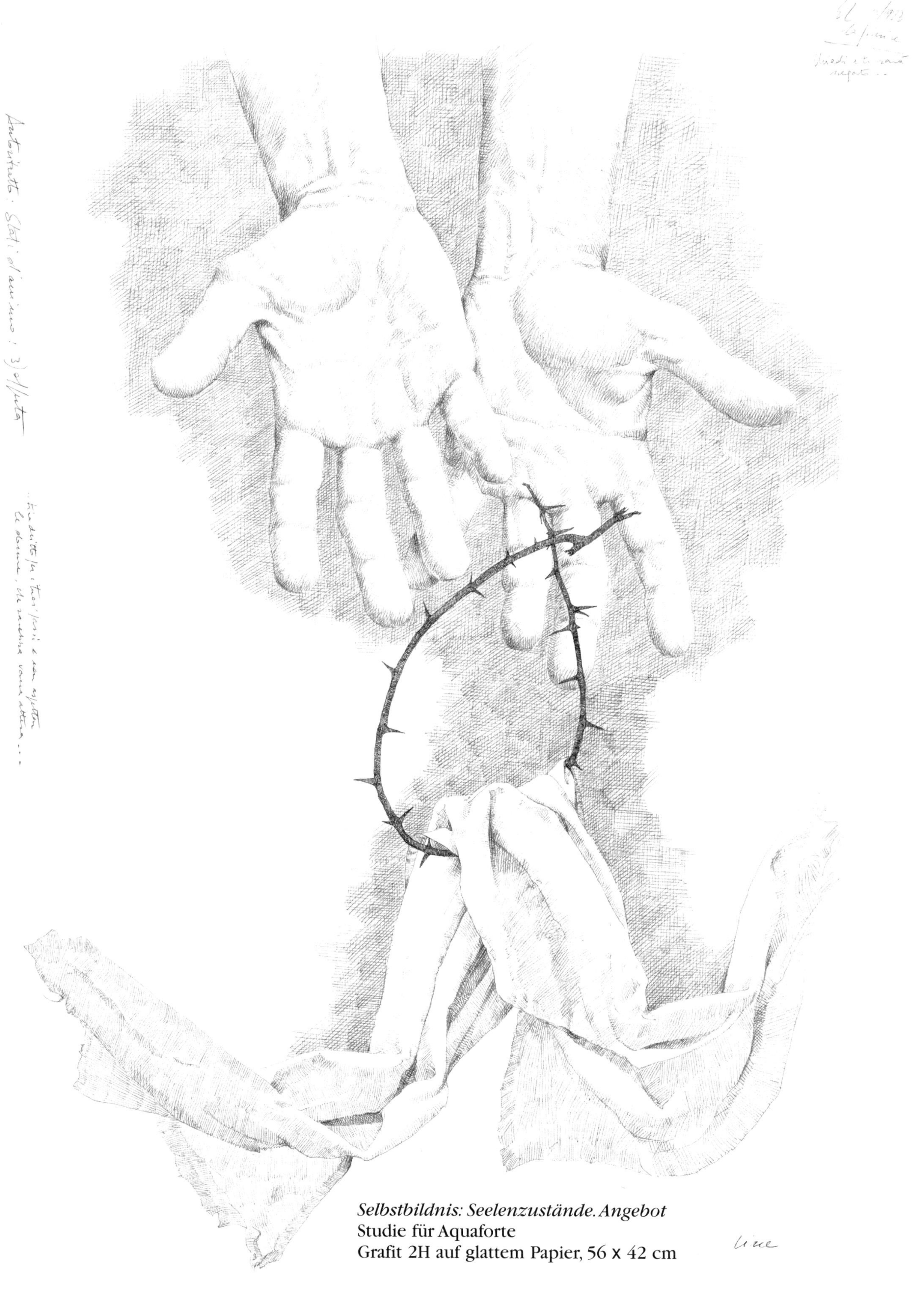

Selbstbildnis: Seelenzustände. Angebot
Studie für Aquaforte
Grafit 2H auf glattem Papier, 56 x 42 cm

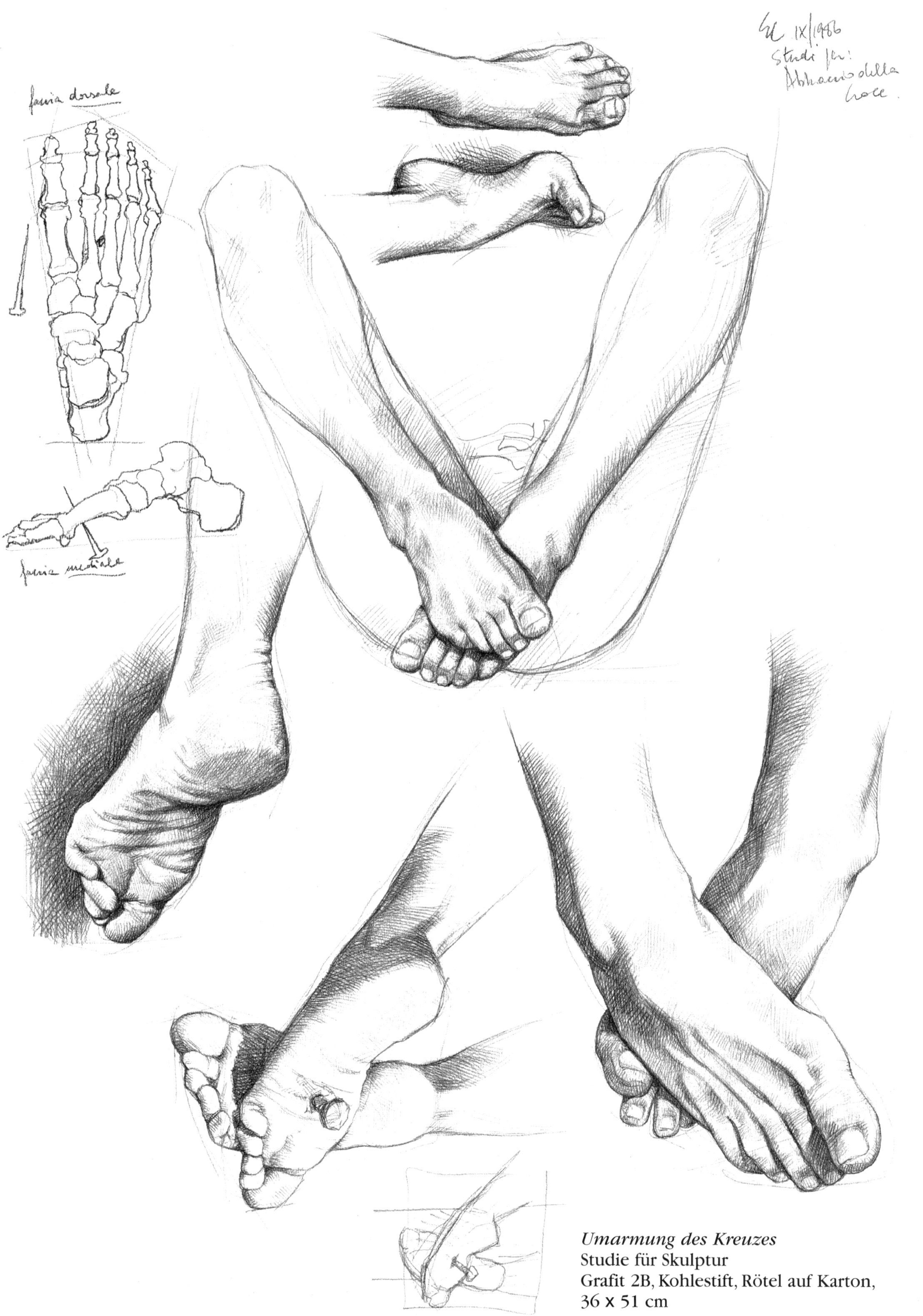

Umarmung des Kreuzes
Studie für Skulptur
Grafit 2B, Kohlestift, Rötel auf Karton,
36 x 51 cm

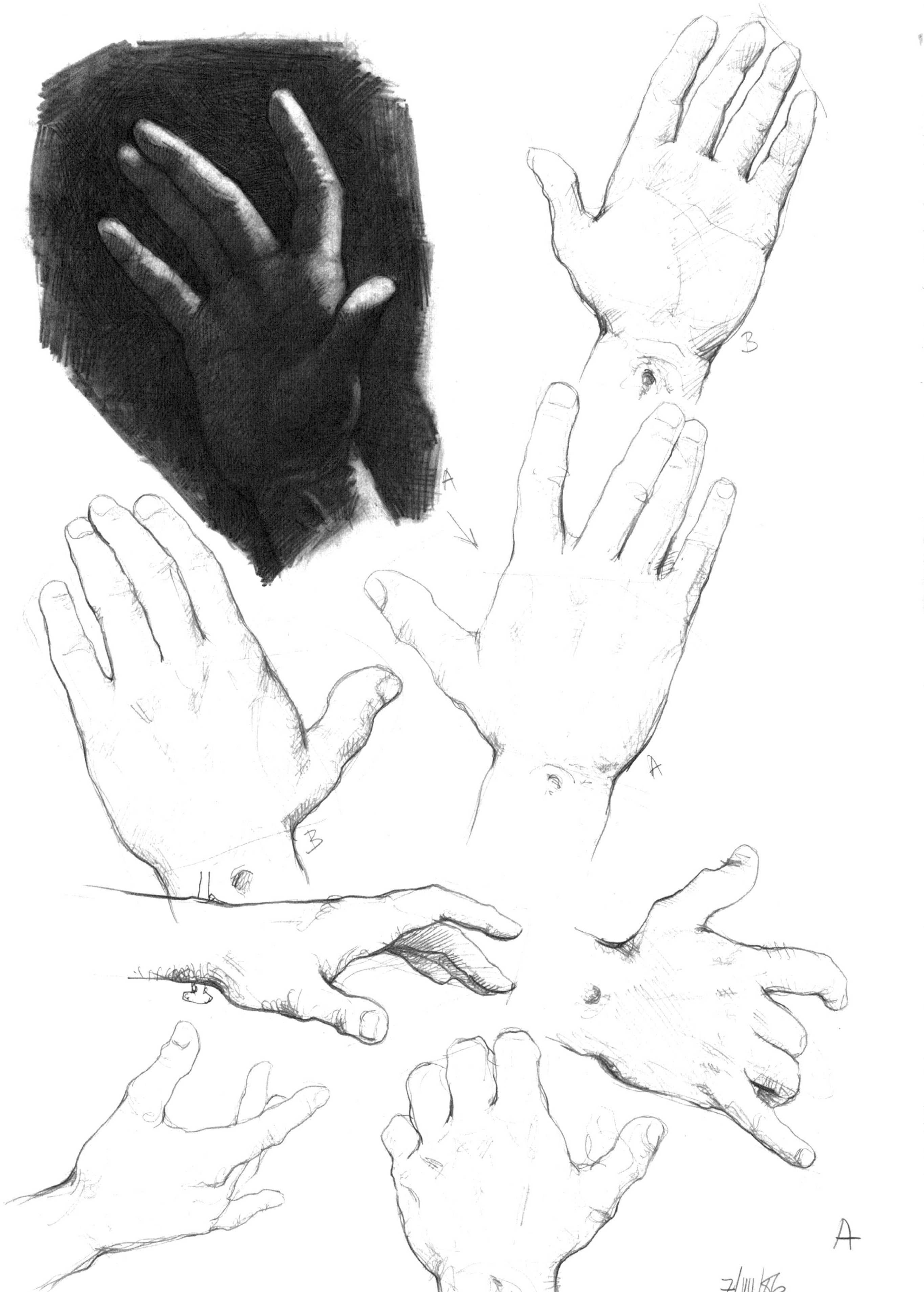

Umarmung des Kreuzes
Studie für Skulptur
Grafit B und Kohlestift auf Karton, 36 x 51 cm